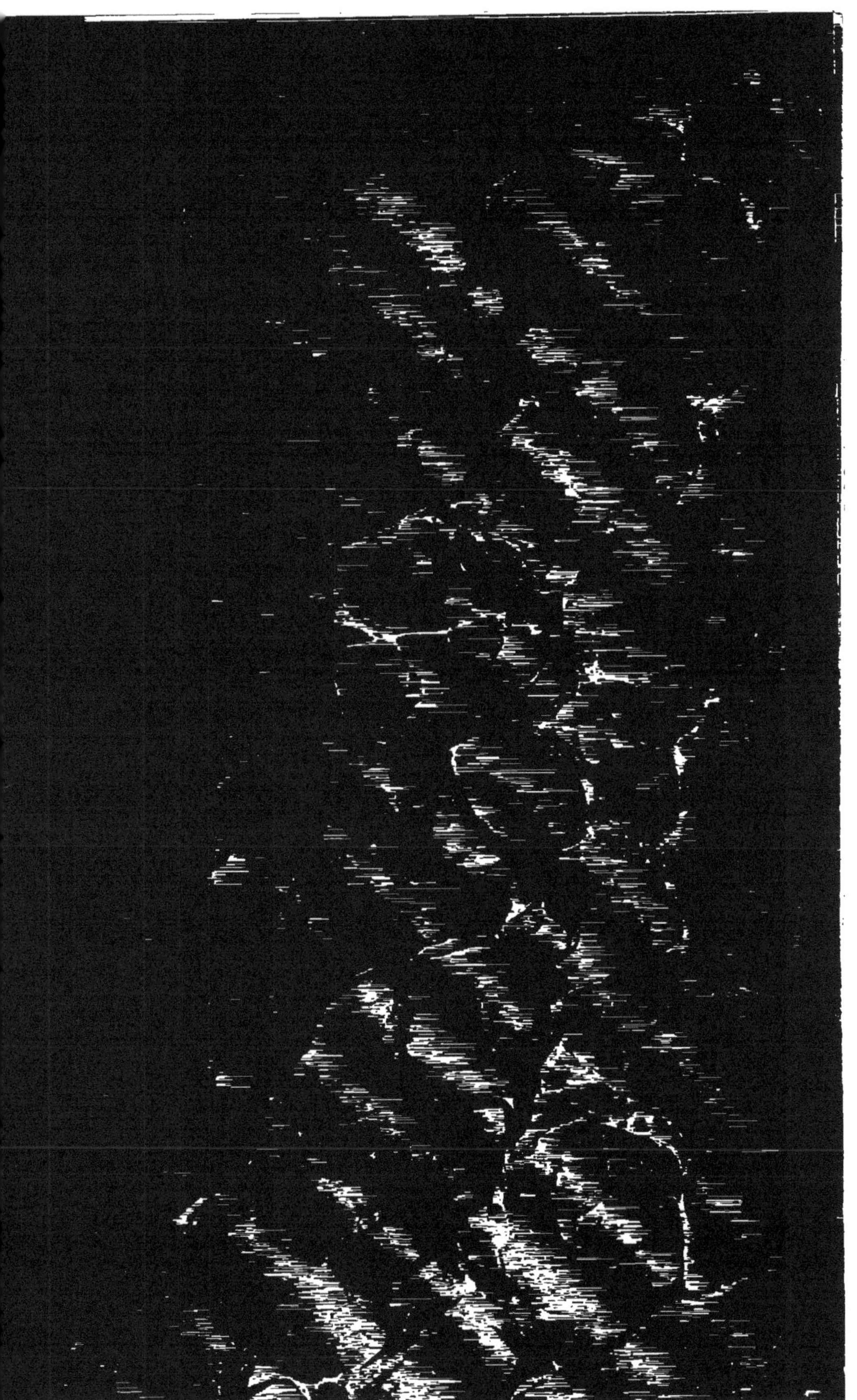

SAN-SEBASTIAN

ADRIEN PLANTÉ

Notes de Voyage.

PAU
LÉON RIBAUT, LIBRAIRE-EDITEUR,
MDCCCLXXXVI

NOBLEZA
S S
FIDELIDAD Y LEALTAD
POR GANADAS
M. N. Y M. L. CIUDAD DE SAN SEBASTIAN

San Sebastian

IL A ÉTÉ TIRÉ DE CET OUVRAGE

2	exemplaires	sur papier du Japon à la forme, 1-2.
3	»	sur papier Whatmann, 3-5.
5	»	sur papier de Hollande, 6-10.
10	»	sur papier vergé à la forme, 11-20.

(numérotés à la presse.)

ADRIEN PLANTÉ

SAN SEBASTIAN

NOTES DE VOYAGE

PAU
LÉON RIBAUT, LIBRAIRE-ÉDITEUR
MDCCCLXXXVI

A

La Excelentisima Señora

Doña Cármen de Barcaisteguy,

Condesa del Llobregat,

En prueba de cariñoso respeto.

AVANT-PROPOS

AVANT-PROPOS

Le touriste français, qui, tous les ans au mois d'août, se rend à St-Sébastien pour assister aux courses de taureaux, se figure naïvement qu'il connaît l'Espagne.

Il lui faut subir d'abord un entassement de plusieurs heures dans des wagons chauffés à blanc par le soleil de la saison ; une poussière aveuglante ; la mauvaise humeur de compagnons de route trop serrés.

Puis, l'affollement bien naturel des employes des compagnies des chemins de fer et l'ahurissement des garçons du buffet de la frontière, dont la mission humanitaire est de faire déjeuner des milliers de voyageurs, quand le chiffre officiel des côtelettes ne permettait de compter que sur des centaines.

A l'arrivée, il lui faut jouer des coudes pour prendre d'assaut les bureaux de placement des billets……

Que dire de l'attente fiévreuse de la course, dont souvent, au grand désappointement de la foule, une violente bourrasque retarde l'ouverture, si elle ne la renvoie pas au lendemain ou à la semaine suivante ; du retour de plus en plus encombré et de la dispute du coin réparateur dans le wagon de plus en plus suffocant !…

N'en voilà-t-il pas plus qu'il n'en faut, pour amener les nerfs de l'infortuné touriste à un degré de surexcitation tel, que, le lendemain, il nous raconte une Espagne à sa façon !

Vous avez beau avoir lu Dumas et Théophile Gautier, vous ne vous y reconnaissez plus.

Le Français, *né malin,* mais pas voyageur, vous fait avec aplomb le plus désolant tableau.

Aussi, recommandons-nous à nos amis de réserver leur appréciation et, quelque fatigue qu'ils aient éprouvée en allant voir, pendant la canicule, *los toros en San Sebastian,* nous leur conseillons d'y revenir quelques jours avant ou après les courses.

Ils verront l'Espagne sans français — pardon ô mes compatriotes — la véritable Espagne et ils apprécieront, comme elles le méritent, ces belles provinces basques, nos voisines aimables et trop mal connues.

Le mois dernier, débarquant du train rapide de Madrid, en gare de Bayonne, je me sentais appréhendé au corps et embrassé, à baisers de nourrice, par un vieil ami, que je n'avais pas revu depuis dix ans.

Parisien spirituel, doublé de fin Gascon, il me fit subir, selon l'usage français, un interrogatoire en forme : d'où venez-vous ? où allez-vous ? depuis quand ? jusqu'à quand ? etc., etc. Les questions n'attendaient point les réponses...

N'étant ni prince voyageant *incognito,* ni banquier en déplacement forcé, je consentis sans peine à donner satisfaction à son affectueuse curiosité.

Je lui confiai qu'ayant entrepris des études

sur la législation spéciale des provinces basques, j'arrivais de Saint-Sébastien, où, grâce à l'obligeance de courtois Guipuscoans, j'avais fait une ample moisson de documents précieux. « Alors, s'écria-t-il, avec l'assurance étonnée du boulevardier qui n'admet que Paris : « Vous aussi vous gobez l'Espagne ! »

Et le voilà parti, à fond de train, sur les impressions du touriste, affamé de courses de taureaux, mais revenant au logis, fourbu et mécontent.

Des appréciations aussi fausses émanant d'un esprit aussi fin, me confirmèrent dans la pensée, que j'avais déjà eue, de consacrer quelques pages à *la Perle de l'Océan*.

D'autant plus, que l'on cherche vainement chez les libraires des deux versants pyrénéens quelque brochure en français, sur la capitale du Guipuscoa. Le guide Joanne seul offre ses renseignements vieux de plusieurs années, forcément inexacts, au lecteur avide de précision : cela ne suffit pas assurément.

Pour faire une œuvre complète sur St-Sébastien et le Guipuscoa, il faudrait plusieurs volumes et plusieurs années.

Les pages qui vont suivre sont de simples notes de voyage, impressions écrites au jour le jour : elles n'ont d'autre prétention que d'être vraies.

Elles m'aideront ainsi, à rendre aux hommes de cœur qui m'ont si généreusement aidé dans mes recherches, l'hommage de reconnaissance que je dois à leur accueil hospitalier et à leur exquise courtoisie.

Avril 1885.

LE VOYAGE

LE VOYAGE

De Bayonne à la Frontière. — La Bidassoa. — Champs de bataille. — La question d'Irun. — Tous hidalgos. — La Douane. — Le Mozo. — La clef des malles. — El Norte. — No se permite fumar. — Le triomphe de l'exception. — Monsieur l'Ambassadeur. — San Marcial. — Le mouchoir et l'obus. — Où sont les orangers ? — La Perle de l'Océan.

Qui ne connaît la ligne de Bayonne à la Frontière ? A gauche, la chaîne des Pyrénées et les vallées du Labourd, au milieu desquelles les blanches maisons basquaises tranchent gaiement sur le vert des prairies et les teintes sombres des bois.

Le long de la voie, des villas, des jardins ; puis à droite, la mer apparaissant pour se cacher bien vite derrière un rideau de pins et pour reparaître encore dans l'échancrure puissante de la falaise de Bidart et de Guethary.

Voici St-Jean-de-Luz, dont la vaillante population lutte contre les empiétements de la mer, au pied de la Rhune, dernière sentinelle française !

Saluons le château historique d'Urtubie dont le châtelain exerce, avec une grâce charmante, une traditionnelle hospitalité.

Le train approche d'Hendaye.

Hendaye a sacrifié à la manie du siècle, la manie du Casino, dont on aperçoit les coupoles émergeant de la dune. Décidément le pittoresque se meurt ! Le pittoresque est mort !

Un tableau splendide se déroule devant les yeux.

La Bidassoa, au vaste estuaire, sépare les deux nations.

Le pavillon français flotte sur le croiseur *L'Épieu,* près du pont international: le pavillon Espagnol en face, sur la cannonnière *La Segura,* en rade de Fontarabie dont le château, la cathédrale et les maisons aux toits en saillie s'étagent au pied du Mont *Jaizquibel,* qui semble avec *Les trois couronnes* vouloir fermer à l'étranger l'entrée de l'Espagne.

Vaste et imposant décor, témoin, depuis des siècles, de tant de drames sanglants !

Champ de bataille où le patriotisme des deux peuples caresserait avec un orgueil bien légitime de glorieux souvenirs, si des ruines encore debout, de nombreuses tours de vigie et d'inaccessibles forteresses ne rappelaient à chaque pas les scènes désolantes de la dernière guerre civile.

On arrive à Irun.

Un mouvement de curiosité attire la foule vers un wagon-salon accroché en queue du train.

On chuchote discrètement le nom du personnage de marque qui l'occupe : c'est l'Ambassadeur de France, célèbre, dans ces régions essentiellement libérales, par la fameuse affaire, dont tous les journaux du monde parlèrent l'an dernier.

Il ne m'appartient pas de juger *la Question d'Irun*.

On se souvient qu'elle prit les proportions d'un

évènement diplomatique des plus importants.

L'Égypte, le Soudan, le Tonkin, Hérat, tout fut oublié.

Le monde diplomatique n'eut plus des yeux que pour la posture prise par notre ambassadeur dans cette affaire : ses plaintes parurent étranges à ceux qui connaissent la courtoisie proverbiale du peuple le plus courtois du monde.

Cette courtoisie espagnole s'affirme, en effet, dès que l'on passe la frontière.

Le Carabinero superbe sous son *ros* galonné se montre fort courtois en visitant vos bagages.

La douane *a des rigueurs à nulle autre pareilles* : franchement, c'est à peine si le voyageur, pressé de déjeuner, s'en aperçoit.

Dès votre descente du wagon, un *mozo,* un homme d'équipe, s'attache à votre personne. Il se charge de vos menus bagages qu'il dépose au buffet et vous demande très poliment vos clefs et votre bulletin de bagages.

Vous frémissez d'abord !

Cet homme vous est inconnu. Serait-ce une

nouvelle incarnation de Rocambole ?

Va-t-il disparaître avec vos bagages ?

Pas le moins du monde.

Son regard a compris le vôtre : il vous rassure, il vous conduit à une table et vous souhaitant un excellent appétit, il disparaît après vous avoir demandé où vous allez.

Ce qui vous rassure complètement, c'est que tout le monde a fait, comme vous, avec le mozo attaché à ses pas.

Si vous êtes volé, vous ne serez pas le seul.

Mal de muchos, consuelo de tontos, disent les Espagnols.

Au bout d'un quart d'heure, le mozo revient : vous êtes déjà de vieux amis.

Quelle surprise !

Il vous rend les clefs : c'est bien !

Il vous raconte que le Carabinero n'a jeté qu'un coup d'œil discret dans l'intimité de votre malle et que vos plastrons n'ont pas été fripés : c'est mieux ! !

Il vous offre votre billet, ainsi que le bulletin de bagages, dont il a fait l'avance et que vous lui remboursez : c'est admirable ! ! !

Vous n'avez plus qu'à finir en paix votre déjeuner, il viendra vous prendre au départ du train.

— Mais que vous dois-je, mon brave garçon, pour tous ces bons offices ?

— Rien, Monsieur ! vous répond-il et il s'éloigne discrètement, vous laissant en tête à tête avec la friture et le beafsteack à l'huile tant décriés, mais non sans saveur.

C'est de l'enthousiasme que vous ressentez pour cet homme.

Tous gentilshommes, ces espagnols !

Il est vrai que cela coûte un peu plus cher ; car, lorsque le même hidalgo, dissimulé sous le bourgeron de l'homme d'équipe, revient, vingt minutes après, vous annoncer que le train est formé, vous lui ouvrez tous les trésors de votre enthousiasme.

Et le voilà qui vous précède avec une aisance diplomatique, dans le dédale des couloirs de la gare internationale.

Il vous conduit à l'*Estanco Nacional* ou débit

de tabac, à la librairie, vous offre un journal et finalement, vous installe dans un wagon, où vous trouvez, sac, couvertures et parapluies que vous aviez perdus de vue depuis plus d'une heure.

Une vraie féerie !

On ne part pas encore.....

Il faut profiter du moment de répit pour faire connaissance avec le train qui doit vous emporter.

Très commodes les voitures de la Compagnie *del Norte*.

Elles sont profondes, élevées et plus larges que les nôtres.

On sait pourquoi.

La voie espagnole est plus large que la voie française : ainsi l'a voulu le souci de l'intégrité du sol national.

Rassurez-vous, aimables voisins !

La France ne vous envahira pas, ou si elle vous envahit, ce sera pacifiquement, uniquement comme nous le faisons chaque année, pour aller admirer votre énergique vitalité, qui résiste aux épreuves des révolutions et qui vous permet de vous reconstituer et de grandir à l'ombre de vos institutions patriotiques, tandis qu'elle s'émiette et se byzantinise dans les utopies anarchistes et dans les combinaisons électorales.

Dès que vous mettez le pied sur le sol espagnol, vous sentez comme un parfum de liberté qui vous charme.

Un simple détail confirmera mon dire : en Espagne tout le monde fume.

La cigarette est à l'Espagnol ce que le beefsteack est à l'Anglais, le gelato à l'Italien, la bière à l'Allemand, etc.etc. ; mais, vous êtes libre de ne pas fumer : ce droit est scrupuleusement respecté en voyage.

Dans chaque train un compartiment est réservé à ceux qui ne fument pas : c'est logique.

Une plaque émaillée vous dit : *Departamento donde no se permite fumar :* compartiment où il n'est pas permis de fumer.

Comme on le voit c'est le triomphe de l'exception et le comble de la courtoisie.

En France, le mot *Fumeurs*, qui s'étale sur l'une des portières à chacun de nos trains, ne remédie à rien.

On fume partout, sauf dans le wagon des fumeurs.

De là, des pamoisons et des luttes fréquentes entre le monsieur mal appris qui fume quand même et l'estomac récalcitrant qui ne peut souffrir la fumée.

Pourquoi nos compagnies françaises n'adopteraient-elles pas la formule protectrice de l'Espagne : *Ici il n'est pas permis de fumer* ?

Recommandé à la Compagnie du Midi et à son Directeur général, un spirituel et parfait galant homme.

M. l'Ambassadeur a fini de déjeuner : on apporte dans son wagon-salon des bougies pour la nuit prochaine.

Il est fort entouré.

L'intimité s'établissant très vite en Espagne, mes compagnons de route me nomment les principaux personnages de l'entourage officiel.

Si vous le voulez bien, nous les laisserons à leur rayonnement ; ils paraissent ravis des poignées de main de M. le Baron des Michels.

Celui-ci, du reste, se montre fort aimable, il est grand, bien pris dans sa taille élancée, le regard bleu, et la parole très cordiale.

A côté de lui, s'avance souriante et gracieuse Madame des Michels. Elle tient à la main des fleurs qu'on vient de lui offrir et dont, en vraie parisienne, elle aspire gaiement le parfum.

On m'assure, et je le crois sans peine, que si Madame l'Ambassadrice eût été à Irun le jour de la fameuse affaire, rien ne se fut passé.

C'est un hommage mérité que les Espagnols, qui ont le culte de la beauté, rendent à la femme et à la française.

On part.....

Le cœur se serre en voyant des deux côtés de la route quelques maisons éventrées par les boulets de la dernière guerre Carliste.

Le fort St-Marcial se montre à gauche sur son

mamelon élevé, dominant le golfe.

C'est de là, que le Prétendant assistait au bombardement de sa bonne ville d'Irun, ville ouverte d'ailleurs et sans défenses !

Deux anecdotes dont l'authenticité m'est affirmée.

Don Carlos avait établi une batterie sur la plate-forme de San-Marcial.

Il pointait un canon, quand il s'aperçoit que l'une des dames, qui assistaient à l'opération, a laissé tomber son mouchoir au pied de la plate-forme.

Le petit-fils d'Henri IV saute, le ramasse et revient à son pointage : on n'est pas plus galant !!...

Don Carlos choisit le point de la ville sur lequel doit aller tomber le premier obus.

C'est une maison superbe : il la montre à son fidèle ami, Don Tyrso de Olozabal, mon camarade de collège.

Tyrso s'incline : le coup part, la maison est en feu.

« C'était la mienne, Sire » ajoute-t-il en souriant : on n'est pas plus courtisan !

Jeux cruels de Prétendant, que la vue du ravissant vallon, dans lequel le train s'engage, nous fait oublier !

Des pommiers partout, c'est le pays du cidre, un véritable Eden.

Ne serait-ce pas ici que se trouvait la fameuse pomme, cause première de tant de maux ?

Nous traversons Renteria avec ses fabriques de toile, Lezo avec ses hauts fourneaux.

On entrevoit, à peine, l'entrée du Port historique de Pasages.

Le temps est superbe, la chaleur très vive ; les montagnes prennent une teinte vague sur le ciel d'un bleu intense.

On rêve d'orangers ! de ces orangers que l'on a tant reprochés à Gambetta.

Il n'y en a pas un seul.

Mais il y a plus que des orangers et leurs pommes d'or.

A l'aspect riant de la campagne, aux élégantes villas qui s'étagent sur la montagne, aux édifices immenses qu'on aperçoit au loin, aux nombreuses cheminées d'usines qui fument, aux chantiers ouverts de tous côtés, on sent que l'on approche d'un centre de richesse et de progrès, d'un champ fécond ouvert à l'activité humaine, au patriotisme le plus éclairé, d'une ville foyer de lumière......... de Saint-Sébastien enfin, *la Perle de l'Océan*.

LA CAPITALE

LA CAPITALE

Aspect général. — Les cochers basques. — Hommage filial d'un poëte. — Définition de Humboldt. — L'ancienne ville. — Souvenirs retrospectifs. — Horace et les Basques. — Ganadas por fidelidad, nobleza y lealdad. — Nos bons amis les alliés. — Les ruines. — Le Phénix renaît de ses cendres. — Zubieta. — Les inscriptions. — La vérité sort de la bouche des petits enfants.

La gare est fort animée.

Elle rappelle celle de Naples, par les cris des mozos et des cochers qui offrent leurs services.

De petits chevaux attelés à des paniers à quatre roues avec dôme en cuir verni, conduits par de jeunes basques au berret rouge, criant, riant, gesticulant, vous enlèvent : c'est ventre à terre que vous faites votre entrée dans la ville, après avoir doublé brusquement le coin de toutes les avenues, au risque de vous briser mille fois contre la borne, tout comme les cochers de l'Hippodrome.

Il n'y a pas un accident.

Ces petits chevaux ne butent jamais.

Et d'ailleurs, vouloir obliger un cocher basque à prendre le pas dans une rue, c'est tenter de faire remonter les rivières vers leurs sources.

Sur un beau pont de pierre, on passe *l'Urrumea* qui se jette à droite, sous vos yeux, dans l'Océan par une barre houleuse.

Vous traversez la nouvelle ville, aux grandes avenues, aux magnifiques constructions en pierre jaune dans lesquelles, l'été, se donne rendez-vous la société la plus élégante de Madrid... et vous débouchez par l'avenue de la *Liberté* dans la rue d'Hernani qui vous mène à l'Hôtel.

Le spectacle est grandiose.

Dans le fond du tableau, la citadelle s'élève imposante sur le mont Urgullo, un nom fièrement choisi.

Il forme sur la mer un promontoire et semble défier orgueilleusement l'ennemi.

Sur le flanc de la montagne, des batteries et des casernes.

A gauche, la baie, la *Concha,* au milieu de laquelle se balance une flotille de vapeurs.

Au pied de l'Urgullo et dans la presqu'île formée par la baie et l'embouchure de l'Urrumea, la ville...

On comprend l'enthousiasme filial du poëte Guipuscoan, Don Ramon Fernandez :

Arrullada en tu cuna de arena,
A la sombra de verde colina,
Tú naciste en la fresca marina,
Como un cisne flotando en el mar :
Y galana y risueña te miras
En tu Concha de azul y de plata,
Que en sus plácidas ondas retrata,
Murmurando á tus piés, tu beldad.

« Enserrée dans ton berceau de sable, à l'ombre de la verte colline, tu naquis sur ta riante plage comme un cygne flottant sur la mer.

Belle et gracieuse tu te mires dans ta baie d'argent et d'azur, dont les eaux calmes reflètent, en murmurant à tes pieds, ta beauté ! »

3.

La ville, en effet, est superbe.

Bien des Français, qui d'avance se sont fait une Espagne à eux, s'écrient: « Mais ce n'est pas une ville Espagnole! »

Qu'ils se détrompent!

Ce n'est pas, en effet, la ville du Midi de l'Espagne pleine des souvenirs de l'occupation musulmane et en gardant encore le cachet spécial, l'arôme particulier.

Ce n'est pas non plus la cité assombrie de la vieille Castille!

Mais c'est bien la riante ville de l'Espagne du Nord; de l'Espagne industrieuse, commerçante, riche, reluisante de beauté comme ses belles basquaises; active et fière comme ses basques au front haut et au regard droit.

Le regard droit, c'est la caractéristique du basque loyal et hospitalier.

Humboldt disait, « le peuple basque est un peuple qui danse aux pieds des Pyrénées. »

Cette définition, outre qu'elle rappelle l'un de ses goûts nationaux les plus enracinés, caractérise admirablement cette population, toujours en mouvement, jamais lasse de travail, vivant en même temps d'une vie intellectuelle fort animée, sans cesse en éveil vers tout progrès qui s'annonce.

C'est ce qui explique le prodigieux développement, qu'ont pris depuis un certain nombre d'années les villes des provinces basques.

St-Sébastien est une ville neuve et doublement neuve.

Nous nous souvenons l'avoir connue, il y a vingt ans, enserrée dans son enceinte de remparts.

Là, où s'étale aujourd'hui l'*Alameda,* la belle promenade, inondée de soleil le jour et le soir resplendissante sous des candélabres de gaz et des globes électriques, s'élevaient d'imposantes murailles.

De larges fossés les protégeaient et l'on pénétrait dans la ville, par la porte, dite de terre, une porte fortifiée des plus pittoresques, défendue par un gigantesque bastion, le *Cubo Imperial.*

Alors même, St-Sébastien était une ville nouvelle, car malgré l'antiquité de son origine, elle avait subi, au commencement du siècle, un baptême de sang et de feu, dont l'acte est inscrit sur ses murailles.

Je ne fais pas, dans ces pages, œuvre historique mais le caractère de simples notes de voyage qu'elles tiennent à conserver, ne saurait exclure les lignes qui suivent et qui me paraissent utiles à la connaissance complète de la charmante cité que tant de Français visitent annuellement.

Le peuple basque ou le cantabre, pour me servir de l'appellation classique, a reçu des historiens et des poëtes de l'antiquité, les hommages les plus flatteurs.

Horace ne déclarait-il pas impossible de soumettre le cantabre à la domination romaine ? « *Cantaber indoctum juga ferre nostra.* »

Polybe le reconnaît invincible aussi bien grâce à l'ardeur de son courage qu'à l'aspérité de ses monts.

Tite-Live n'a-t-il pas dit *qu'ils ne craignent que le ciel !*

La fidélité des Guipuscoans à ces nobles traditions s'affirme par l'écu des armes de la capitale qui est *d'azur au navire d'argent sur des ondes de même,* avec la devise en or : *Ganadas por fidelidad, nobleza y lealdad!*

Sur le lambrequin on lit: M. N. Y. M. L. (muy noble y muy leal) ciudad de S^n-Sebastian.

Sur le champ de l'écu, en chef, les deux initiales : S. S.

Les rois d'Espagne, qui n'étaient que seigneurs des Provinces Basques, s'étaient plûs à donner à la ville de St-Sébastien des titres commémoratifs des services rendus par elle à la cause nationale.

A l'Empereur Charles V, St-Sébastien doit le titre de *Noble y Leal,* en reconnaissance de l'attitude vraiment patriotique de ses habitants lors du mouvement communaliste de Castille en 1521.

Le roi Charles II y ajouta en 1662, pour les services rendus à la couronne, l'adverbe superlatif: *Muy*...

La frégate qui orne son écu rappelle les prouesses navales de la *Capitana* montée par

Oquendo, le héros cantabrique, l'un des plus illustres enfants de Saint-Sébastien.

De notre temps, la noble et loyale cité, sagement libérale, a résisté aux efforts du Carlisme. Elle a toujours refusé de lui ouvrir ses portes. Elle a subi, pendant les guerres civiles, plusieurs siéges et plusieurs bombardements, restant ainsi fidèle à cette monarchie constitutionnelle qui assure à l'Espagne relèvement, grandeur et prospérité !

Malgré sa vaillance, St-Sébastien dût un jour, comme le reste de l'Europe, — elle n'a pas à en rougir, elle était en assez belle compagnie — subir la loi de Napoléon Ier.

Le drapeau français flottait sur sa citadelle en 1813, quand après la bataille de Vitoria, une division de l'armée de Wellington, composée d'Anglais et de Portugais sous le commandement de Sir Thomas Graham, se présenta devant ses portes.

La garnison française était commandée par le général Emmanuel Rey.

Sommé de rendre la place, celui-ci refuse fièrement et un siége en règle commence.

Un premier assaut infructueux est donné le 25 juillet ; mais des renforts arrivent aux alliés, de nouvelles batteries sont construites, une brèche importante est faite à la muraille que baignent sur la rive gauche, les eaux de l'Urrumea.

Le 31 août tout est prêt : on attend que la marée basse permette le passage d'un gué.

Dans le Journal d'un officier anglais, j'ai lu cette phrase navrante, écrite avec un flegme tout britannique : « Le matin du 31, St-Sébastien était encore une des villes les plus propres et les plus jolies de l'Espagne. Longtemps avant minuit, ce n'était plus qu'un amas de flammes et le lendemain à midi il ne restait que des cendres fumantes. »

Le 31, en effet, à marée basse, les divisions alliées passent le gué et montent à la brèche ; soixante pièces de canon de gros calibre, vingt mortiers battent les remparts et vomissent sur la ville l'incendie et la mort. La lutte s'engage terrible sur la brèche et de là, dans les rues.

Le nombre l'emporte enfin et neuf cents français les seuls survivants d'une garnison de quatre mille hommes, durent amener leur drapeau devant l'armée de Wellington !

Que restait-il de St-Sébastien ?

Des ruines.....

Sa population qui subissait, sans l'accepter le joug du grand conquérant, avait salué comme des libérateurs, les soldats alliés; comment ceux-ci répondirent-ils à leurs espérances ?

Nous trouvons dans le *Guia Manual,* de José Manterola, cette page d'éloquente indignation extraite d'une œuvre du Comte de Toreno et que nous traduisons :

« Notre âme est envahie par un indéfinissable sentiment de tristesse au souvenir de la scène si lamentable, si tragique dont furent victimes ses malheureux et paisibles habitants. Ils allaient joyeusement au devant des vainqueurs, ne voyant en eux que des libérateurs..... ceux-ci se comportèrent comme si St-Sébastien eût été une ville ennemie, que le dépit et la haine du vainqueur a vouée à la destruction et au pillage ; vols, viols, meurtres, horreurs de toute sorte se succédaient sans relâche. Ni la vieillesse décrépite, ni la tendre enfance ne trouvèrent grâce auprès de la soldatesque effrénée, qui, furieuse, violait les filles sur le sein de leurs mères, celles-ci dans les bras de leurs maris ; toute femme était souillée par eux ! A tant de honte, à tant d'atrocité vient s'ajouter, à la tombée du jour, le plus violent incendie ; nous ignorons si ce fût le hasard ou l'ordre du vainqueur qui l'alluma. La ville entière brûla. Soixante maisons à peine avaient souffert du siège : maintenant, sauf 40 ou 60, toutes celles que comptait la malheureuse cité sont consumées. »

« L'argent, les marchandises, les papiers, presque tout disparaît dans le désastre, ainsi que les archives du tribunal de Commerce et de la municipalité, inestimable dépôt d'antiques et précieux documents ! Plus de 1500 familles restèrent sans ressources : plusieurs sortaient comme des ombres du milieu des décombres, osant à peine se montrer, fantômes flétris, le corps couvert de haillons et le cœur brisé par tant de cruelles épreuves. »

« Ruine et catastrophe que l'on aurait pu attribuer à l'œuvre dévastatrice de bandes ennemies et sauvages venues de l'Afrique, plutôt qu'à l'armée d'une nation alliée, européenne et civilisée ! »

Les pertes furent immenses : mais le courage des Guipuscoans, indomptable devant les forces ennemies, ne l'était pas moins devant les évènements !

Sans perdre du temps en plaintes vaines, les plus notables des survivants décidèrent d'arracher de ses cendres la chère cité disparue.

Mais où se réunir ?

Quel serait le berceau de la ville nouvelle ?

La petite population de Zubieta, voisine de St-Sébastien offrit asile aux victimes.

Ce fut là, dans une maison de modeste apparence, que huit jours après l'assaut, le 8 septembre, les résolutions les plus viriles, dictées par le patriotisme le plus désintéressé, furent arrêtées d'un commun accord.

Sur l'autel brisé de la patrie en ruine, on jura de faire des sacrifices qui ne s'arrêteraient que le jour où l'écu *gagné par fidélité, noblesse et loyauté* pourrait briller encore sur les murailles relevées.

Une énergique protestation, à laquelle l'Europe ne répondit pas, lui signala le rôle odieux joué par les Anglais dans la sinistre journée du 31 août et l'on se mit à l'œuvre !

Peu d'années après, une ville nouvelle s'élevait plus brillante que la première ; le commerce reprenait ses belles traditions d'activité et de loyauté, la richesse publique retrouvait son cours habituel et de tant d'épreuves, il ne restait plus que des souvenirs consolants.

N'était-ce pas le cas de compléter l'écusson des armes de la ville en ajoutant à la couronne qui lui sert de cimier un phénix aux ailes déployées, symbole de sa merveilleuse vitalité.

Divers monuments rappellent ces heures sombres et glorieuses tout à la fois.

Le 9 septembre 1877, au milieu d'une imposante manifestation, on posait l'inscription suivante sur la maison de Zubieta :

La guerra asoló á San-Sebastian
El patriotismo de sus ediles
Aqui congregados
Le levantó de sus ruinas.
Benditos los hijos que salvan á su madre!

« La guerre a détruit St-Sébastien. Le patriotisme de ses édiles réunis en ce lieu l'a relevé de ses ruines. Bénis les fils qui sauvent leur mère ! »

Ce n'est pas sans une véritable émotion que l'étranger, en visitant la ville, relève diverses inscriptions commémoratives gravées en lettres d'or sur des plaques de marbre noir.

Rue du 31 août, primitivement rue de la Trinité, on lit : *Calle de XXXI de agosto, úni-*
« *ca que en este dia del año MDCCCXIII se libró*
« *del incendio.* « La seule qui en ce jour de l'an 1813 échappa à l'incendie. »

A l'entrée de la rue *San Gerónimo* qui mène perpendiculairement à la rue du 31 août, on lit d'un côté :

XXXI de agosto de MDCCCXIII
Los aliados toman por asalto esta ciudad
Ocupada por el ejército invasor,
La incendian, la saquean y degüellan
Gran número de sus moradores.

« Le 31 août 1813 les alliés prennent d'assaut cette ville, la brûlent, la saccagent et égorgent grand nombre de ses habitants. »

En face :

VIII de setiembre MDCCCXIII
reunidos en Zubieta los habitantes dispersos
á consecuencia de la hecatombe del XXXI de Agosto
acuerdan reedificar la ciudad
presa todavia de las llamas.

« Le 8 septembre 1813 réunis à Zubieta les habitants dispersés à la suite de l'hécatombe du 31 août décident de réédifier la ville en ce moment la proie des flammes. »

Dans le nouveau cimetière de la ville, à Polloe s'élève un monument d'ordre dorique, en pierre bleue, surmonté d'une urne funéraire grandiose.

Sur le fronton, les armes de St-Sébastien : sur les frises, des couronnes et des guirlandes d'immortelles ; des deux côtés du monument, gravés en lettres d'or sur marbre noir, les noms des notables qui ont pris part à l'acte de Zubieta.

Sur la face occidentale les dates de l'assemblée de Zubieta et de l'érection du monument,

VIII y IX setiembre MDCCCXIII
Zubieta.
Fué erigido
Este monumento
El año MDCCCLXXX.

Sur la face orientale, ces mots :

San Sebastian reconocida
A los egregios varones
Que venciendo al destino
La levantaron de sus ruinas.
El patriotismo los inspiró
La union los dió fuerza
El pueblo que resucitaron
Bendice su memoria.

— Saint-Sébastien reconnaissante aux hommes de cœur qui vainquant le destin la relevèrent de ses ruines. Le patriotisme les inspira, l'union leur donna la force, la ville qu'ils ont ressuscitée bénit leur mémoire.

Dans leur énergique concision ces inscriptions constituent la plus efficace et la plus noble protestation contre les excès des alliés ; sujet de méditation salutaire livré à l'esprit des jeunes générations ; témoignage réconfortant de la reconnaissance publique !

Le patriotisme ne peut que gagner à de pareilles manifestations.

Tandis qu'appuyé contre l'un des piliers de la *Plaza Vieja*, j'étais en train de copier sur mon carnet les inscriptions de la rue San Gerónimo, je me vis entouré par une bande de moutards à la mine éveillée et le front baigné de sueur.

Ils jouaient *au taureau :* l'un d'eux tenait dans ses mains deux cornes pointues, et il fondait sur ses petits camarades qui s'exerçaient au métier, que dis-je, à l'art du torero !

Intrigués, ils arrêtent leurs jeux et viennent chuchoter autour de moi.

Un ingles ! disaient-ils à demi-voix, en se poussant du coude : pour eux tout voyageur qui porte un livre sous le bras, dessine ou prend des notes est forcément un anglais......

Qui a mis le feu à St-Sébastien ? leur demandai-je en un espagnol que je tâchais de rendre le plus correct possible.

— *Los Ingleses* señor, répond sans hésiter l'un d'entr'eux.

— Les aimez-vous beaucoup ?

— *Malditos sean !* Qu'ils soient maudits ! s'écrient-ils en chœur et ils reviennent brusquement à leurs.... *toros !*

LA VILLE

LA VILLE

La Place de la Constitution. — Le droit au balcon.—Casa Consistorial.--El señor Alcalde.--Les exploits d'Oquendo. — Ponts et Miradores. — Sardine fraîche.—La Mota.— Batterie des Dames.— On salue.— Sta-Clara.— Le Cimetière des Anglais. — Le Bastion central. — Regrets. — L'Hôtel Berdejo.—Don Antonio.—Cuisine Espagnole et Cuisine Française. — La table d'hôte. — Un prix d'honneur en Sorbonne.

Dans toutes les villes d'Espagne, il y a une place de la Constitution.

C'est généralement sur cette place que se trouve la *Casa consistorial* ou Hôtel de Ville.

La place de la Constitution de St-Sébastien est curieuse : des arceaux élevés, à rendre jalouse la rue de Rivoli, l'entourent.

Sous ces arceaux s'ouvrent de nombreux magasins, rendez-vous, autrefois, de la société élégante.

Au-dessus, s'élèvent, sur trois côtés de la place, des maisons à trois étages construites sur un plan uniforme.

Chaque fenêtre est ornée d'un balcon et porte un numéro : cette immatriculation générale surprend au premier abord.

Un alguazil ou *celador*, agent de la police municipale, en tunique noire, coiffé du casque rond en drap noir et la canne à la main, me fait très obligeamment connaître le mot de l'énigme.

Il y a quelques années encore, les courses de taureaux avaient lieu sur cette place.

La municipalité, qui en faisait tous les frais, exigeait que chaque propriétaire fit, le jour de la fête, abandon à la ville de toutes ses fenêtres qui étaient numérotées et louées aux spectateurs, comme le sont les loges de théâtre : une seule par maison était réservée au propriétaire et à sa famille.

C'était là une règle absolue encore suivie dans

certaines villes de l'Espagne et à laquelle chacun se soumet volontiers pour le plus grand honneur de la fête locale.

Aujourd'hui, une entreprise particulière a traité avec la ville pour la célébration des fêtes : l'amphithéâtre des courses est situé en face de la gare.

Le quatrième côté de la place est occupé par la *Casa consistorial.*

C'est là que siège l'*Ayuntamiento*, présidé par M. le Maire — El Señor Alcalde — entouré de tous les services municipaux.

En Espagne il n'y a pas de Sous-Préfets.

A la fonction d'Alcalde se rattache la majeure partie des attributions de nos Sous-Préfets de France, fonctionnaires d'une utilité pratique diversement appréciée, puisque chaque parti en demande la suppression, bien entendu quand il n'est pas au pouvoir.

Les fonctions d'Alcalde sont donc d'une très grande importance : elles revêtent une autorité considérable surtout dans les provinces basques, dans l'administration desquelles règne encore la plus large décentralisation.

Une carte d'introduction m'accréditait fort gracieusement auprès de l'Alcalde.

Je fus reçu dans un élégant cabinet.

En face du bureau sur lequel sont empilés de nombreux dossiers, j'admire, étalée sous une large vitrine la magnifique bannière de St-Sébastien, de soie blanche brodée d'or, au canton bleu, sur laquelle se détachent les armes de la ville avec sa devise « Por lealtad... »

Loyauté, c'est bien l'idée qui vous vient immédiatement à l'esprit quand on aborde M. Nemesio Aurrecoechea.

Peu d'hommes en effet, ont l'abord plus sympathique, la physionomie plus ouverte, le regard plus vif et plus droit : jeune et de superbe allure, il est difficile de trouver un plus noble caractère.

Ses concitoyens le reconnaissent si bien, que depuis une dizaine d'années, ils lui ont fait parcourir tous les grades de la hiérarchie municipale, conseiller municipal, adjoint, puis maire : il l'est depuis quatre ans et très modestement se plaint de son lourd fardeau.

Il est seul à se plaindre : les crises ministérielles se succèdent, sans qu'on songe à lui retirer des fonctions qu'il remplit avec tant de dévouement et de distinction.

L'accueil cordial de Don Nemesio met vite à l'aise le visiteur auquel il fait, avec une rare courtoisie et une grâce charmante, les honneurs du palais municipal.

L'installation en est luxueuse : Salles de Commission, Salle du Conseil, Salle du Trône, Archives et bureaux sont décorés et meublés avec un goût dont l'industrie locale a le droit d'être fière.

Les Archives et la Bibliothèque sont trop jeunes, hélas ! pour contenir des documents très nombreux : l'incendie du 31 août 1813 a englouti des trésors inappréciables.

Réduite en cendres, la Casa Consistorial fut reconstruite sur un plan plus sévère que le précédent, mais qui n'en atteste pas moins la richesse de la Cité.

Sur une base monumentale de cinq arceaux

massifs, complétant la décoration générale de la place, s'élève un ensemble imposant de six colonnes doriques ; l'attique qui les surmonte est orné d'une horloge que couronne l'écu des armes de St-Sébastien.

Sur la façade principale, on a rappelé en lettres d'or que ce palais fut inauguré en 1832 sous le règne de Ferdinand VII dont « les augustes mains» en posèrent la première pierre le 10 juin 1828.

Sur la façade de la rue San Geronimo, on lit la patriotique inscription suivante :

Urbe Easonenti eversa
Ano MDCCCXIII
Amor civium instaurare curavit
Senatusque
Hoc. Monum. in perp. mem. et pub. orn. decrev.

Dans les salles, dans les vestibules, divers tableaux, gravures et plans représentent les faits les plus importants de l'histoire locale.

Remarquer dans la salle du Conseil des chefs-d'œuvre de calligraphie, véritables tableaux dûs à la plume artistique de Manuel Bernès un lauréat des expositions universelles de Paris.

Admirons encore dans l'escalier monumental du Palais, deux belles marines du peintre *Antonio de Brigadas,* représentant les gestes héroïques du vaillant marin Oquendo.

Des administrés réclament M. le Maire ! Il nous faut prendre congé de lui !

Si ces lignes tombent, quelque jour, sous les yeux de Don Nemesio, qu'il veuille bien y lire l'expression de ma vive gratitude et de ma respectueuse sympathie....

De petits ponts relient la partie haute de la ville avec la partie inférieure, surplombant élégamment la place de la Constitution et les rues qui y conduisent ; tirées au cordeau, ces rues sont d'une propreté exemplaire.

Les maisons presque uniformément construites sont uniformément badigeonnées.

De chaque étage et de chaque fenêtre émergent en enfilade, des balcons verts ou bruns ; aux angles, des miradors remplis de fleurs : aux balcons, des têtes de femmes, dont les yeux brillants sondent curieusement la rue silencieuse, et qui se penchent, rentrent vivement, reparaissent encore, pour lancer un sourire !

A ce moment, les petits ponts aidant, on se croirait à Venise, où ne circulent ni voitures ni chevaux : à St-Sébastien, l'activité de la vie extérieure s'est portée plus loin.

Le silence de cette partie de la ville n'est troublé que par le cornet du marchand de pétrole ou le rire perlé de jeunes filles qui échangent, de balcon à balcon, une histoire joyeuse.

Ce décor a quelque chose d'attachant : on s'y oublierait volontiers, quand tout à coup des cris hurlés vous déchirent l'oreille.

Les seuils des portes se garnissent de ménagères animées.

Qui peut causer cet émoi ?

C'est la trombe des marchandes de sardines qui approche.

Dans ces rues rendues encore plus étroites par l'élévation des maisons, la voix de ces marchandes au teint hâlé, monte, se développe, éclate cuivré et sonore...

Après un premier moment de surprise, le tympan s'habitue à ce cri : il en détache même les notes qui constituent dans leur sauvage harmonie l'Evohé de la sardinière, dont le bruyant passage dans la rue paisible appelle tout le monde au balcon.

De toutes parts, têtes brunes et blondes apparaissent, éventails nacrés et mantilles aux grelots de jais scintillent.

Des portes, on hêle la *cascarrotte* qui s'arrête à peine.

Par une épithète énergique, elle certifie la qualité de sa marchandise !

Pour quelques sous, elle en remplit le plateau ou l'écuelle qu'on lui présente, et elle s'éloigne au pas de course, pieds nus, *corsage ouvert et jupon court*.

Son cri résonne longtemps encore dans l'éloignement des arceaux de la Place de la Constitution, d'où l'écho me le retourne adouci ; puis, le silence se fait de nouveau dans la rue.

Un brave homme passe à côté de moi, poussant devant lui deux petits ânes porteurs d'eau. « C'est pour la garnison de la citadelle, me dit-il ».

Je le suis ; nous montons une ruelle dallée, véritable escalier que gravit le pied assuré de mes trois compagnons de route et nous arrivons à l'avenue du château.

Le Castillo de la Mota est situé au sommet du mont Urgullo.

Il défend la ville par ses nombreuses et imposantes batteries : il se défend lui-même par sa propre situation.

Pour arriver au bastion principal, le *Macho,* qui en occupe le point culminant, à 400 pieds au-dessus du niveau de la mer, il faut ascensionner la montagne par des lacets, route militaire qui assure à la nombreuse garnison du château — près de 800 hommes — de larges et faciles accès.

La première batterie que l'on rencontre, c'est la batterie dite des Dames.

Elle est bien nommée !

Sur un banc, en effet, nous saluons un groupe

gracieux de jeunes femmes élégantes. Le brave ânier se croit obligé de me faire observer qu'il faut toujours saluer les dames ! L'Espagne est le pays le plus galant du monde, on le sait : la femme y est l'objet d'un culte particulier.

Ne pas se ranger pour lui céder le pas et ne pas la saluer, en même temps, c'est paraître peu *caballero.*

Le plus gracieux sourire récompense toujours cet acte de politesse... désintéressé.

Il en était de même en France, avant l'invasion des modes anglaises.

Aujourd'hui, il est incivil de saluer dans la rue une femme que vous connaîtrez fort bien... si elle ne vous salue pas la première !

Ainsi le veut la civilité puérile et honnête.

Pourquoi cela ?

C'est que, en saluant ainsi le premier, vous risquez d'embarrasser la femme qui peut avoir des raisons pour vouloir ne pas être saluée !

Et dire que ce principe est imprimé tout au long dans des codes du savoir-vivre recommandés aux gens du monde....

Ah ! la belle idée que se font de la femme ces réformateurs de la galanterie française !...

Bref, en Espagne on salue et l'on salue beaucoup, et l'on ne s'en trouve pas plus mal.

Le banc, si bien occupé, est des mieux placés pour faire jouir l'observateur du plus grandiose tableau.

La baie qu'argente la ligne arrondie des vagues qui déferlent sur le sable fin, offre tout le développement de sa plage.

Les innombrables villas et châteaux des riches Guipuscoans se détachent en relief sur les montagnes aux lignes vigoureuses.

Plus bas, la façade du boulevard de la plage coupée par les bouquets de verdure des squares et immédiatement sous nos pieds, le port que l'état de la mer, démontée depuis plusieurs jours, a rempli de navires au repos.

Au milieu de la baie, l'île Sta-Clara formant la passe : au sommet, le phare avec le jardinet fort bien agencé du gardien ; souvent la fureur des vagues sépare ce brave homme du reste des humains, pendant plusieurs jours de suite.

Il paraît que c'est, d'ailleurs, le plus heureux des ermites !

Après la batterie des Dames, la batterie Sta-Clara qui bat l'île et l'entrée de la baie ; celles de la Berloca qui prendrait en file toute escadre assez audacieuse pour tenter de forcer l'entrée.

Enfin l'on arrive aux premiers ouvrages du bastion principal.

Dans une courtine, des soldats jouent au saut de mouton pendant que, dans un angle, un caporal clairon s'efforce de faire entrer dans l'oreille récalcitrante d'un élève une sonnerie réglementaire.

Les visiteurs sont nombreux.

On laisse entrer tout le monde : on ne taquine même pas comme espion, ceux qui prennent des notes et des croquis.

A quoi bon se montrer difficile ! L'histoire de partout n'est-elle pas connue partout !

Sur l'un des flancs du mont Urgullo, au milieu d'une sorte de chaos formé par des blocs glissés du sommet, se voient des tombes, des inscriptions et divers monuments funéraires.

C'est le cimetière des Anglais !

C'est là que dorment, loin de leur patrie, en face de l'Océan qui les en sépare, des officiers morts, les uns pendant le siège de 1813, les autres pendant la première guerre carliste.

A côté de ces étrangers morts pour le compte de l'Espagne, repose un vaillant général espagnol *Don Manuel de Gurrea* frappé, au passage du Pont d'Andoain, en 1837.

Le mausolée de marbre qui recouvre sa tombe le représente à cheval au moment où la balle d'un de ses concitoyens le fait tomber au champ d'honneur.

La majesté d'un tel lieu ajoute encore à la mélancolie que ces souvenirs font naître et c'est l'esprit douloureusement préoccupé, que l'on franchit l'escalier de pierre qui conduit à la plateforme du bastion central.

De là, on domine le pays tout entier et, de plus en plus, le cœur se serre en voyant la cîme escarpée des montagnes voisines hérissée de forts et de batteries !

On se demande par quelle ironie du sort ces belles provinces, qui devraient être si heureuses, se voient transformées à tout instant, en champs de bataille, où viennent se briser dans des ruisseaux de sang, leur fortune et leur liberté.

Dieu nous garde de vouloir froisser des opinions qui ont leur base dans des traditions respectables !

Nous ne pouvons cependant nous empêcher de penser que c'est une étrange façon de prouver son affection à de généreuses populations, que de les pousser sans cesse à la lutte contre leurs frères et à la révolte contre les lois de leur pays.

Le dîner de mon hôtel est à 6 h. 1/2, et Don Antonio Berdejo est désolé quand tous ses hôtes ne sont pas présents à l'heure fixée par l'ordre du jour de sa maison.

Lui aussi est d'avis que, *un dîner réchauffé ne valut jamais rien* ; je serais navré de lui occasionner une telle émotion, et je rentre au galop.

Assurément, il y a à St-Sébastien de superbes hôtels : Hôtel de Londres, Hôtel Anglais, Hôtel

Escurra, Hôtel Arese, tous, établissements de premier ordre, auxquels je me permettrai de faire le seul reproche de ressembler un peu trop aux bons hôtels de partout.

A l'étranger, je me garde toujours de descendre dans des hôtels français : il ne vaudrait vraiment pas la peine de sortir de chez soi pour s'y retrouver chez les autres.

En Espagne, on doit descendre dans les hôtels espagnols, si l'on veut connaître et apprécier les véritables us et coutumes du pays de l'olla-podrida et des castagnettes.

Il faut, d'ailleurs, que le Français abandonne cette opinion absolument erronée, que l'on ne sait pas manger en Espagne.

Nous avons perdu le droit de nous plaindre, nous français qui nous plaignons toujours : car, chez nous, grâce au système de l'éternel menu, le voyageur est soumis au cruel supplice de l'ennui qui... naquit un jour de l'uniformité.

D'un bout de la France à l'autre, quelque soit votre appétit, quelque aigüe que soit la gastrite des voyages, vous ne pouvez échapper à l'inévitable omelette aux fines, à la côte aux pommes, et surtout à l'inévitable poulet sauté qui chantait un quart d'heure avant : c'est invariable et fastidieux.

L'Espagne a conservé ses mets nationaux et quelque peu modifiée par l'influence certaine des chemins de fer, sa cuisine peut rivaliser avec la nôtre.

C'est un maître homme que Don Antonio Berdejo.

Il a passé les Pyrénées, il y a bon nombre d'années, alors que, ordonnance du Maréchal Mazarredo, il accompagnait son chef en France ; il se perfectionna à Paris et quand il put quitter le service militaire, il revint dans son pays fonder un hôtel, je ne sais trop où.

Aujourd'hui, depuis huit ans, il occupe l'ancien Hôtel Berraza, sur le port : de ma fenêtre je vois la baie et j'assiste à toute la vie maritime de St-Sébastien.

Les talents culinaires de Don Antonio, aussi bien que l'affabilité charmante de sa gracieuse et patriarcale famille ont assuré à l'Hôtel Berdejo une clientèle aussi brillante que fidèle ; sa table d'hôte est toujours pleine.

Au risque de commettre une indiscrétion, je dirai que les oreilles aussi bien que l'estomac y trouvent leur régal.

Toutes les opinions s'y trouvaient représentées : deux carlistes ardents, mais le cœur sur la main, un italien irridentiste qui se prétend athée tout en déclarant Garibaldi « un Dio ! un Cristo, Signori ! » un soir, on faillit l'étrangler au dessert ! — un ancien capitaine de bandes cantonnalistes, muy caballero ! — un allemand qui faisait des compliments à la France !... holà ! — un galicien, spirituel et malin comme un andalous, un aimable médecin mattéiste qui guérit tous les maux, il a la foi : un seul français, votre serviteur.

Puis, le major de la table d'hôte !

Si je lui donne ce titre, c'est que lui-même, il l'a revendiqué fort spirituellement devant moi ! Espagnol pur sang, parlant toutes les langues de l'Europe, et notamment le français avec l'accent et la correction d'un Parisien qui le parlerait très-correctement.

Notre langue n'a pas de secrets pour lui et comme je lui en faisais la remarque, tandis qu'il affirmait avec amour sa nationalité Espagnole, il m'avouait modestement qu'il était licencié ès-lettres du Collège Henri IV et prix d'honneur au Grand Concours de la Sorbonne.

Simple bachelier... non point de Salamanque, mais de Toulouse, je m'inclinai saisi d'admiration.

En quelques minutes, tout Paris passait devant nous, décrit dans un langage et avec une précision académiques : pas une date de notre histoire générale ou provinciale qui ne soit appliquée par lui avec une sûreté de mémoire surprenante.

Secrétaire à l'ambassade d'Espagne en France dans les moments les plus brillants du règne dernier, il a sur notre société moderne des aperçus d'une finesse extrême.

Les grandes allures de gentilhomme ressortent jusque dans la simplicité cordiale avec laquelle il préside la table d'hôte et en fait les honneurs.

Atteint d'une infirmité qui ne lui permet plus la lecture, Don Manuel de Godoy, Prince de Bassano aime à entendre raconter par ceux qu'il y rencontre les choses du dehors : celles que raconte à son tour le petit-fils du Prince de la Paix, ont la saveur de mémoires inédits, d'une authenticité absolue.

L'ARMÉE

L'ARMÉE

Le dimanche à St-Sébastien. Messe militaire. — Chauvinisme ou patriotisme. — Le défilé. — Pas de tambours. — Le colonel. — Marche royale et hommage à Dieu. — La tenue et le soldat. — Le Ros. — Musique à l'Alameda. — Mantilles et poudre de riz. — Brune ou blonde. — La cathédrale Sta-Maria. — Un sermon basque. — Une aventure.

Le dimanche à St-Sebastien offre à l'étranger une distraction, pardon du mot, une distraction salutaire, inusitée en France: la messe militaire.

Il est onze heures et demie.

Les rues qui avoisinent la cathédrale *Santa Maria* sont remplies d'une foule animée.

Que se passe-t-il donc?

Il semble qu'un évènement fort intéressant se

prépare. — J'interroge. On attend la garnison.

Chauvinisme diront les patriotes du jour !

Patriotisme répondrons-nous.

En France, nous courons après les revues militaires ; on a beau faire et beau dire, ce sera toujours un spectacle fortifiant de voir passer fièrement groupés autour du drapeau national les enfants du pays.

Les Espagnols, eux-aussi, aiment les militaires. J'en pouvais juger par l'attitude de cette foule, à laquelle tous les dimanches cependant ce même spectacle est offert.

Car l'Espagne libérale veut encore que ces soldats prennent officiellement part aux manifestations du culte.

Elle permet qu'on invoque devant eux le Dieu des armées.

Et son armée n'en est pas moins brave, moins disciplinée.

Certes, ces brillants officiers qui vont défiler devant nous, tout à l'heure, ne sont pasdes bigots, des *jésuites* comme diraient certains pseudo-libéraux de notre connaissance.

Non! ce sont simplement de braves gens qui ne rougissent pas de s'incliner devant *celui de qui relèvent tous les Empires!*

C'est quelque chose par le temps qui court et c'est même beaucoup!

Une nuée de gamins précède les troupes et gambade dans les jambes des sapeurs et des musiciens.

Le gamin est le même dans tous les pays.

Comme dans l'armée italienne, il n'y a pas de tambours dans l'armée Espagnole ; le corps des clairons est nombreux et la *banda* de musique imposante.

Le 30e et le 31e de ligne sont de beaux régiments.

Quelle tenue martiale et aussi, quelle allure dégagée!

Les hommes sont généralement petits, jeunes, alertes et droits : ils se *tiennent*.

D'un bout à l'autre de la colonne qui serpente dans le dédale des rues, la marche est régulière, cadencée.

Du premier jusqu'au dernier, chaque soldat marque le pas en passant sous les balcons, où, en son honneur s'agitent les mantilles et brillent les yeux noirs.

Le colonel, grand et superbe militaire, est à pied, la canne à la main, suivi d'un nombreux cortège d'officiers.

Un lieutenant-colonel commande la colonne.

La Canne à gland d'argent ou d'or est le signe du commandement : l'État-major seul la porte.

Sur le vaste perron de la cathédrale la tête de colonne bifurque.

Le colonel se place avec sa suite à l'entrée de l'église à gauche, ayant en face la musique qui joue pendant le défilé.

Sur un commandement sec de leurs chefs, les sections portent vivement les armes en passant devant le colonel qui entre le dernier.

Celui-ci va prendre place en face l'autel : autour, les sapeurs immobiles rendent les honneurs.

Les compagnies se massent en colonne par quatre dans la grande nef et dans celle de gauche, laissant les intervalles libres pour le public élégant de la messe de midi.

Dans la nef, à droite, les clairons et la musique.

Nous sommes quelque peu déçus : la musique ne jouera pas pendant la messe, sauf à l'élévation : ainsi en a décidé le Patriarche des Indes grand aumônier de l'armée, afin de laisser à la manifestation du dimanche son caractère imposant : la cathédrale ne saurait être transformée en un lieu de concerts.

Il y a quinze cents hommes dans l'église ; le silence est solennel.

Les commandements sont donnés à demi voix par le chef de la colonne à un *corneta* qui le transmet par les sonneries aigües de son petit instrument, véritable jouet d'enfant, manié, du reste, par un enfant.

Le *corneta* est choisi parmi les enfants de troupe et ne quitte jamais son commandant, à la gauche duquel il se place, à la parade comme sur le champ de bataille.

Dans les fastes militaires de l'Espagne on

trouve à chaque page des faits glorieux dûs à ces héroïques enfants.

A l'élévation, la marche royale éclate !

C'est le *genoux terre* de notre commandement, l'effet est saisissant.

Chaque pays a ses gloires et ses traditions. Je suis trop bon français pour oublier celles de mon pays.

Il me sera, toutefois, permis de dire qu'on éprouve une indéfinissable émotion en présence d'une de ces manifestations solennelles où l'État lui-même sait associer ses sentiments à ceux des populations dont il a la garde.

Cela, hélas! ne se voit plus en France!

En sommes-nous plus heureux ?

Quel profit en retire la patrie ?

Quelle gloire en restera aux hommes d'État, qui ont voulu effacer les vestiges du passé jusque dans les hommages rendus au Créateur !

Robespierre lui-même, n'avait-il pas créé la fête de l'Être Suprême.

Après la messe, les troupes regagnent leurs casernes.

On est frappé de la tenue de ces jeunes soldats.

Le pantalon rouge et la capote grise rappellent celle de nos hommes.

Mais, ici le pantalon tombe droit sur le pied : la chaussure est élégante et légère : la capote, ajustée autour du collet et aux épaules, indique la taille svelte de l'homme et la dessine jusqu'au ceinturon noir qui la serre.

Le cou du soldat est dégagé : un petit col blanc lui donne un cachet de propreté très appréciable.

La coiffure est le *ros* historique, sorte de shako évasé sur le devant, qui doit son nom au général Ros de Olano son inventeur.

Elle est, depuis longues années, portée par toute l'armée, depuis le roi jusqu'au simple soldat.

Les gants sont de laine verte : l'épaulette est remplacée par la patte rouge capitonnée qui protège les épaules contre la fatigue du sac et du fusil.

Les officiers ont la tunique droite avec pattes d'or sur les épaules ; les grades sont indiqués aux manches par des galons et des étoiles : tenue fort simple qui présente un ensemble fort coquet et donne à l'armée espagnole un cachet d'extrême élégance.

Les ordonnances des officiers sont vêtus de drap noir, avec le numéro du régiment en agraffe de cuivre au collet et sur la casquette ronde des valets de pied.

Selon l'usage, après la messe et avant *la comida*, on va promener sur l'Alameda.

En général, l'Espagnol dîne entre une heure et deux : les élégantes ont ainsi le temps d'étaler leurs toilettes *al paseo*.

Une musique militaire se fait entendre pendant une heure; son répertoire, s'enrichit chaque jour de morceaux français, La Mascotte, Boccace, La Fille du Tambour Major !

Il paraît qu'il en est à peu près ainsi dans toute l'Europe. — Pour entendre de la musique étrangère il faut décidément aller à Paris !

Le coup d'œil de l'Alameda, à l'heure de la musique, est enchanteur.

La société endimanchée se promène sur deux colonnes, qui se croisent et se recroisent en échangeant à chaque rencontre quelque mot aimable, quelque propos piquant.

Un vrai gazouillement !

Habitude charmante, qui devrait bien s'implanter en France, où l'esprit, comme la beauté, court les rues !

De gentilles espagnoles passent et repassent troussées dans leur mantille.

Heureusement la mantille se conserve encore.

Mais elle a un accessoire que je me permets de critiquer.

Excusez ma franchise, Mesdemoiselles !

Pourquoi donc sous les mailles légères de cette légendaire mantille ne laissez-vous pas éclater le teint mat ou rose de vos joues ?

Pourquoi cette vilaine poudre de riz qui depuis quelques années à pris droit de cité parmi vous ?

Pourquoi vouloir à tout prix paraître blanches ?

Vous êtes, pour la plupart, brunes comme

des Espagnoles que vous êtes, ou roses comme des Basquaises que vous êtes également....

Cambrez votre taille sous les étreintes du corset de satin qui craque .....

Emprisonnez votre pied dans le brodequin au talon haut...

Cela vous est permis : les poëtes ont chanté

Les dames à fine taille
Qui chaussent l'escarpin étroit...

Mais que diraient-ils, s'ils voyaient cette débauche de poudre d'Iris et de veloutine Fay ?

Pensez donc à l'embarras des malheureux feuilletonnistes, journalistes et littérateurs de toute sorte : il va leur falloir, grâce à vous, changer, du tout au tout, leur dictionnaire épithètique.

Les générations futures ne s'y reconnaîtront pas.

Nous voyez-vous écrivant : *La brune Albion et la pâle Espagne !*

De grâce, restez ce que, dans sa munificence, la Providence vous a créées, au risque de faire mentir votre dicton populaire :

Si me pierdo que me busquen
Hácia el sol de mediodia,
Donde nacen las morenas
Y donde la sal se cria!....

Les musiciens ont quitté leur estrade.

Petit à petit, l'Alameda se vide, les groupes se dispersent, on se retrouvera ce soir, si le temps le permet...

Le matin, en sortant de la messe militaire, j'ai lu sur l'une des grandes portes de la Cathédrale l'ordre de la journée dominicale : à trois heures sermon du Père X... *en vascuence,* en basque !

Comprenez vous le basque ? — Non, n'est-ce pas ? Moi non plus.

Mais cela n'en sera que plus piquant : au geste de l'orateur, à l'expression animée de sa physionomie, je devinerai peut-être sinon quelque mot, du moins quelque idée qui me restera comme bouquet spirituel de cette audition négative.

Je vais donc assister à un sermon basque. Ma montre avançant sur l'horloge de *Santa-Maria,* j'ai le temps de contempler la Cathédrale.

Sa façade principale que l'on aperçoit de fort loin, fermant la rue majeure, *Calle mayor,* est remarquable par ses sculptures et les statues qui en ornent les niches.

Les hauts reliefs sont d'une exécution admirable, d'une grande richesse de détails. Elle est flanquée de deux tours élevées.

L'architecture générale de l'église se ressent évidemment de l'époque où elle fut élevée. Commencée en 1743, on achevait de la construire en 1764.

Son style est indéterminé : elle se compose de trois grandes nefs dont les voûtes, d'une élévation peu commune, donnent à l'édifice un grand caractère et produisent le plus grandiose effet.

Comme dans presque toutes les églises d'Espagne, le retable doré s'élève derrière le maître autel jusqu'à la naissance de la voûte.

Dans une large tribune, aux stalles sculptées, se tiennent généralement les hommes.

Dans les nefs, les femmes : autrefois, elles s'agenouillaient par terre, sur des tapis ou des carrés d'étoffes : le plus grand nombre, sur la pierre.

Aujourd'hui, les chaises et les prie-Dieu ont envahi le temple saint.

Pour ne rien perdre du sermon, je prends une chaise au milieu des femmes, près de la chaire.

Trois heures sonnent...

Une chose me frappe tout d'abord : c'est l'absence de préparatifs dans le luminaire.

En France, à l'office du soir le maître autel resplendit.

A Santa Maria, six cierges éclairent seuls les dorures du rétable gigantesque et paraissent comme de petites étoiles dans le lointain du sanctuaire.

Les grandes fenêtres de la cathédrale étaient toutes, sauf une, soigneusement fermées par d'épais rideaux.

Un demi-jour mystérieux éclairait discrètement les têtes enfouies sous les mantilles.

Aux autels latéraux, les cierges votifs s'éteignent ; puis, un grincement prolongé par l'écho des voûtes nous fait lever la tête : c'est le rideau de la dernière fenêtre qui roule ses anneaux rouillés sur sa tringle de fer...

Nuit complète : je ne vois plus mes voisines !

La situation, nouvelle pour moi, excite au plus haut point ma curiosité.

Tout à coup, dans la direction de la chaire, qu'au dernier rayon du jour, j'ai vu parfaitement vide, retentit un vigoureux « Ene aneia maitiac » « Mes chers frères. »

C'est le Père X... qui monté je ne sais par où, ni comment, commence son discours.

Un véritable déluge de mots éclate : l'orateur parle avec une volubilité rare.

La puissance de son souffle est telle qu'il peut lancer sans respirer des phrases d'une longueur à défier toute analyse : il ne s'arrête, si cela s'appelle s'arrêter, que pour râcler fièvreusement sa gorge et reprendre le fil de son discours.

Ce n'est pas une critique, mais bien une simple constatation.

C'est d'ailleurs l'effet produit par tout orateur dont on ne comprend pas la langue.

Le Padre X..... passe, du reste, pour l'un des meilleurs prédicateurs basques.

Ne pouvant être tout yeux, j'étais tout oreille...

Le geste animé de l'orateur devient de plus en plus retentissant sur la chaire sonore... et au moment où je puis saisir dans une citation latine le terrassement de St-Paul sur le chemin de Damas, je suis moi-même terrassé...

La chaise basse sur laquelle j'étais assis a basculé sous l'effet d'un choc violent ; elle m'entraîne et sur elle et sur moi roule, en poussant des *Jesus* désespérés, une matrone qui dans l'obscurité, est venue se briser contre ma chaise...

Je n'ai pu la voir cette infortunée, mais j'affirme, à son poids, qu'elle était immense....

Et pendant un court instant qui me paraît un siècle, nous voilà nous débattant la dame, la chaise et moi...

On s'explique sans peine l'émoi de notre entourage au bruit que nous faisons : on chuchote, on s'exclame à demi-voix.... on se signe.

Je tâtonne et finis par trouver une issue ; me voilà à la porte, respirant, quelque peu ahuri de l'aventure, à côté de la benoîte qui, amie de la lumière, écoutait le sermon du seuil de la porte.

Je me plains à elle de l'obscurité et de son influence fatale au recueillement.

La brave femme s'étonne de mes plaintes.

« Les choses se passent ainsi partout, me dit-elle, avec assurance. » Je crois même qu'elle ajoute « et en France aussi. »

Je garderai longtemps le souvenir de mon premier sermon basque !..

LA VIE POLITIQUE

S

LA VIE POLITIQUE

La Diputacion Provincial. — Fueros et Carlisme. — Les volontaires. — La quinta. — Le traité économique. — L'administration provinciale. — Le Palais de la Diputacion. — M. le Secrétaire. — L'escalier monumental. — Zuluaga. — Le président de la Commission permanente. — Aux Archives. — La Révision. — M. le Gouverneur civil. — Hommage rendu à la province. — Le square de la place de Guipuscoa. — Bonnes d'enfants et militaires. — La petite vérole noire. — La vacuna.

Si dans la cité l'autorité suprême réside dans les mains de l'alcalde, dans la province basque, le grand pouvoir, c'est la *Diputacion Provincial*.

Autrefois, les *juntas forales* appliquaient les fueros ou franchises et priviléges de la nation et veillaient attentivement à leur scrupuleuse observation.

C'est pour ce mot magique de *Fueros,* synonime de liberté, que les provinces ont lutté longtemps.

De nos jours encore et alors que la monarchie constitutionnelle n'avait pas encore touché aux Fueros, le Carlisme inscrivait ce mot sur son drapeau et soulevait ces valeureuses populations.

Des luttes fratricides ont ensanglanté le sol national : la population des champs suivait l'armée du prétendant, celle des villes résistait vaillamment.

St-Sébastien, Hernani, Bilbáo soutenaient des sièges mémorables et les deux longues guerres carlistes s'achevaient sans que le dévouement de ces villes historiques ait pu être entamé.

Qu'est-il résulté de ces douloureux malentendus ?

C'est que les Fueros ont été atteints.

Au nom de l'égalité, l'Espagne unifiée a demandé la suppression de ces privilèges séculaires qui faisaient de ces belles provinces un véritable État dans l'État.

Les rois d'Espagne ne s'en proclamaient pas

rois, mais simplement Seigneurs.

Les provinces jouissaient de la liberté commerciale la plus absolue, liberté du commerce du tabac et du sel ; le pays s'administrait lui-même, par les Juntes, et ne payait à l'État qu'un impôt fort minime sous forme de subside.

De plus, les provinces ne connaissaient pas la conscription.

Ce n'était qu'en temps de guerre et alors que le sol de la patrie était menacé, que les provinces devaient à l'État le service militaire : même dans ce cas, les contingents basques ne devaient pas dépasser une certaine zône.

L'État cependant n'y perdait rien : le véritable patriotisme ne se laisse pas imposer de limites : à chaque guerre, de nombreux volontaires prêtaient au drapeau national un concours généreux.

On n'a pas oublié la vaillance déployée par les beaux bataillons basques, qui sous les ordres du général Echague, si je ne me trompe, allèrent verser généreusement leur sang sur les sables du Maroc.

Les habiles mains des dames patriotes avaient brodé les drapeaux, qui menèrent ces braves au combat.

Après la dernière guerre carliste, le gouvernement constitutionnel dût céder devant les exigences de l'opinion publique.

A la suite de solennels débats législatifs, la suppression des Fueros fut décrétée et mise à exécution en 1876.

Comme première conséquence du nouvel état de chose, le Pays Basque fut soumis au recrutement militaire : *la quinta !*

Quelque douloureux qu'il pût être, ce grand sacrifice fut accepté par les provinces avec une patriotique résignation.

J'ai pu admirer le calme et la dignité qui président aux opérations des conseils de révision.

Par un sentiment de délicatesse qui est un hommage rendu à ces vaillantes provinces par un prince pacificateur, le roi Alphonse XII a voulu que ces opérations fussent dirigées par les hommes de confiance de la Province elle-même.

Le gouverneur, représentant du gouvernement central n'y prend aucune part : ce sont les membres de la Députation, assistés de quelque chef militaire et de médecins qui président et composent ces conseils.

Il a fait plus.

Les finances d'un pays ne sauraient être mieux confiées qu'aux mains d'hommes désintéressés qui, volontairement, consacrent leurs veilles et leurs forces à la sauvegarde de ses précieux intérêts.

On sait avec quel soin jaloux les juntes basques administraient les finances de leurs provinces et avec quel succès !

Le roi Alphonse XII, méritant en cela le surnom de Sage, décida de laisser, pour une période de dix ans, l'administration financière des provinces basques à leur *Diputacion provincial.*

Ce concert économique, comme on appela cette sage mesure, touche à son terme, en 1886.

D'un bout à l'autre de l'Espagne, chacun admire cette administration provinciale basque, qu'inspire le patriotisme le plus éclairé.

L'économie, l'ordre, la prudence règnent dans tous les rouages de ce mécanisme compliqué, et les superbes travaux publics qu'elle multiplie, ponts, routes, forts, édifices de toute sorte, attestent la sagesse et l'intelligence de sa haute direction.

La députation rappelle nos conseils généraux mais avec des pouvoirs plus étendus.

Les hommes qui la composent sont véritablement investis d'une portion de l'autorité publique.

Ils nomment une commission permanente.

Et cette permanence n'est pas une vaine formule : son président réside dans la capitale pendant la durée de son mandat et siège au palais de la *Diputacion*.

C'est dans ce magnifique palais de construction récente, que l'obligeant secrétaire de Don Nemesio Aurrecoechea me conduisit un matin.

Je fus reçu par Don Joaquin de Urreiztieta secrétaire de la Députation.

Don Joaquin est un jeune et fort galant homme, un véritable bénédictin, possédant sur le bout du doigt sa législation, son histoire, ses fueros nationaux,

Je lui exposai le but de mon voyage.

La connaissance fut vite faite et nouée par les liens d'une sympathique cordialité dont les Espagnols semblent avoir le secret.

Il tient à me faire lui-même visiter le Palais. Ce superbe bâtiment, neuf de deux ans à peine, occupe l'un des côtés du quadrilatère de la place de Guipuscoa.

A lui seul, il forme avec ses dépendances, Préfecture, Institut, Entrepôt des Tabacs, Postes et Télégraphe, l'un des immenses carrés du nouveau St-Sébastien.

L'escalier d'honneur n'est pas encore livré au public : il sera terminé dans quelques jours. On achève, en ce moment, la pose de la double rampe en fer doré, aux volutes gracieuses, au milieu desquelles s'encadre l'écusson armoirié de la *M. N. Y. M. L. Ciudad*.

Deux statues colossales occupent les deux

côtés du premier palier.

L'escalier monumental de marbre blanc s'ouvre sur un large vestibule au pavé et aux parois aussi de marbre blanc. Il donne accès dans l'immense salle des juntes générales.

Les tentures de cette salle rappellent aux mandataires du pays qui s'y réunissent les fastes de la Province.

Ce sont d'abord, sur les petits côtés du parallélogramme, les vues des quatre villes chefs-lieux de district ou *partido* : Tolosa l'ancienne capitale ; St-Sébastien la nouvelle ; Vergara témoin du fameux *baiser* qui mit fin à la première guerre carliste ; Loyola qui remplaçe, là, Aspeïtia, dont il n'est qu'une section comme nous dirions en France ; mais le chef-lieu s'incline devant la section en faveur du grand homme qu'elle a vu naître et dont la province a voulu faire son patron.

De larges fenêtres, s'ouvrant sur la place, éclairent les deux toiles maîtresses qui prennent toute l'étendue des deux grands panneaux de la salle.

L'une représente la découverte au XIVe siècle, par Juan de Echaïde, célèbre marin de St-Sébastien de l'Ile de Terre-Neuve dont le nom se lie si intimement aux exploits des marins et des pêcheurs de tout le golfe Cantabrique.

L'autre, la défense héroïque de Carthagène contre la flotte anglaise, en 1741, par l'amiral Blaz de Lézo, un enfant du port de Pasages.

Ces diverses toiles sont dues au pinceau de Perez Zuluaga, l'une des illustrations artistiques de Guipuscoa, frère du célèbre graveur, dont nous avons pendant la dernière guerre carliste admiré l'atelier et les œuvres à St-Jean-de-Luz.

La large frise qui court autour de cette salle porte les écussons de toutes les villes de la province par ordre de préséance.

Le même peintre a peint les plafonds à caissons de la grande salle et des petits salons sur lesquels elle s'ouvre à droite et à gauche : ce sont des groupes allégoriques représentant la province qui protège les arts, l'industrie, les belles lettres.

Le plafond de l'immense cage de l'escalier

d'honneur paraît un vrai chef-d'œuvre: la province sous les traits d'une femme admirable, tenant d'une main un gouvernail et vidant de l'autre une corne d'abondance : à ses pieds, un génie tient les balances de la justice.

C'est bien là, le symbole le plus frappant et le plus véridique de cette administration provinciale qui chaque jour transforme la province, développe sa richesse et en fait la perle de l'Espagne, comme la providence a fait de sa plage célèbre la *Perle de l'Océan*.

La courtoisie du secrétaire de la députation est infatigable.

Il faut tout visiter, même un sanctuaire : le cabinet *del Señor Presidente de la Comision provincial permanente*.

Notre indiscrète visite distrait Don Juan Etcheverria de ses travaux.

Nous nous excusons : il insiste pour que nous visitions son cabinet dont les murs sont tapissés de cartes et de portraits d'illustrations du pays.

Avocat distingué de Tolosa, Monsieur le Président est avenant comme tous ses compatriotes et bienveillant comme un homme du plus grand mérite.

Dans tous les vestibules, des tableaux et des statues, dons de l'État et premiers éléments d'un Musée.

Puis, c'est le tour des bureaux — *las oficinas*. Plus d'un de nos ministères rougiraient de la comparaison : partout beaucoup de luxe, luxe pratique, lumière très vive, boiseries artistiques.

Enfin, nous voici aux archives : nous avons gravi quatre étages sans nous en douter, c'est une ascension que tout visiteur doit faire, ne fut-ce que pour saluer l'intelligent archiviste, Don Carmelo Echegarray, un vascofile distingué tout jeune homme dans les yeux duquel brille une flamme d'une rare vivacité : il classe avec amour ses archives dans leurs nouvelles cases, où elles seront à l'abri de l'humidité et de la poussière... — Il faut cependant quitter ces magnificences et les nobles cœurs qui en font si galamment les honneurs.

En prenant congé de Don Joaquin, je remarque au dessus de la cheminée de son cabinet, deux drapeaux formant faisceau. Il suit mon regard et souriant mélancoliquement il me dit : « Ce sont les drapeaux des volontaires de la « guerre du Maroc : aujourd'hui, plus de vo- « lontaires.... *la quinta!* »

La quinta, en effet, bat son plein.

Les escaliers et les couloirs sont encombrés de conscrits.

Comme en France, la plupart sont accompagnés de leur père.

Quelques jeunes femmes ou filles pleurent dans un coin, une vieille embrasse un jeune homme en lui souhaitant bonne chance.

Je l'ai déjà dit plus haut, beaucoup de calme parmi ces braves gens ; pas un cri, pas un chant débraillé....

A côté de la Députation, dans l'aile droite du Palais, le *Gobierno civil,* la Préfecture.

Le gouverneur civil, Don Patricio Aguirre de Tejada est homme fort aimable, ancien officier de la marine royale, aide de camp du Roi, et poëte national.

Monsieur le gouverneur a tout ce qu'il faut pour plaire à une population brave, spirituelle et lettrée : il est jeune lui aussi et fort capable, admirant beaucoup le pays, à la tête duquel son souverain l'a placé...

Il parle très bien le français et son accueil est des plus courtois.

Les fonctions du gouverneur civil sont à peu près les mêmes que celles de nos préfets, avec cette différence cependant, que dans les provinces basques elles se trouvent singulièrement réduites, la Députation étant seule chargée de l'administration financière.

M. Aguirre de Tejada ne s'en plaint pas : il rend le plus complet hommage à cette administration provinciale dont il apprécie l'intelligence et le désintéressement.

Je ne commets pas une indiscrétion en disant qu'il a plus que l'espoir, que le *concierto económico* dont je parle plus haut et qui échoit l'an prochain, en 1886, sera renouvelé pour le plus grand bien du pays.

N'est-ce pas là, la consécration heureuse de

cette idée qu'émettait spirituellement, quelques instants auparavant, le secrétaire de la députation : « Nous tenons à être nous, de façon qu'en Espagne il n'y ait personne qui fasse comme nous. »

Dualisme vraiment curieux, mais qui trouve sa raison d'être, d'une part, dans le culte des traditions et du sol natal ; de l'autre, dans l'amour du bien public qui inspire véritablement le gouvernement si libéral d'Alphonse XII.

— Mais la quinta, monsieur le Gouverneur ?

— La quinta, me répond fièrement M. Aguirre de Tejada, « la quinta a fait moins d'impression dans ce pays que dans tout autre. Ce pays est très respectueux de la loi : tout s'y passe bien grâce à la nature généreuse de ces populations, grâce à leur bravoure traditionnelle et à ce sentiment inné d'égalité qui s'allie si bien à celui de la liberté ! »

Et pour me prouver amplement la générosité du peuple Guipuscoan et le lien de solidarité qui l'unit au reste de l'Espagne, Monsieur le Gouverneur me fait connaître que la souscription en faveur des victimes des tremblements de terre d'Andalousie a réuni, dès les premières heures, dans St-Sébastien, ville de 24,000 habitants à peine, plus de 80,000 fr.

Gouverneur civil, Gouverneur militaire, Maire, toutes les autorités, toutes les notabilités se sont formées en Comité, ont divisé la ville en sections, ont été frapper à toutes les portes, à tous les étages, aux mansardes comme aux salons ; du plus riche au plus pauvre, tout le monde a donné, la pièce d'or ou l'obole !... Heureux pays !

A trois heures de l'après-midi, la place de Guipuscoa est fort animée, une grille élégante enserre un square pittoresque, œuvre d'un paysagiste français, M. Ducasse, depuis longtemps installé à St-Sébastien.

L'ayuntamiento éclairé a multiplié dans ce jardin, au milieu des arbustes et des fleurs, les moyens d'instruction populaire.

Ici, un kiosque dont le ciel en coupole porte les diverses constellations de notre hémisphère.

Ce kiosque abrite une colonne quadrangulaire de marbre, sur les faces de laquelle se voient un thermomètre, un baromètre, un hygromètre et des précisions sur la latitude, la longitude, l'altitude de la ville et du pays, ainsi que les renseignements météorologiques les plus complets.

Là, c'est un cadran solaire avec les différences horaires.

Plus loin, un tableau des marées.

Il y a même un canon qui part au coup de midi ; tout comme au Palais Royal de Paris !...

Tout cet ensemble aide à l'instruction du peuple qui passe souvent inconscient, mais dont le regard est forcément arrêté par ces monuments répandus à profusion autour de lui.

C'est l'enseignement par les yeux : or, quiconque a beaucoup vu, doit avoir beaucoup retenu.

C'est là une vérité qui est de tous les pays et pour laquelle il n'y a pas de Pyrénées !

Une autre vérité internationale consacrée par plus d'une chanson, c'est l'affinité universelle entre la bonne d'enfants et le militaire.

Des bandes de babies roses et joufflus s'ébattent dans le square avec leurs bonnes basquaises ; d'autres plus petits, procèdent gravement sur le sein de leurs nourrices aux premiers devoirs de l'homme.

Ces grosses nounous de la montagne, aux longues tresses enrubannées, surmontées d'un petit macaron de dentelles dont les ailes, soulevées par la brise de mer, semblent de blancs papillons jouant sur leur tête, occupent les bancs, les berceaux de verdure, les allées ombreuses du Jardin.... A leur toilette diaprée se mêle l'uniforme sévère de l'artillerie.

Il y a presqu'autant d'artilleurs que de babies : ce sont de fort beaux hommes, troupe d'élite au physique comme au moral.

Aux artilleurs donc le pompon !

La galanterie militaire est de tous les pays et sur tous les continents, les enfants même au maillot... ont raffolé du militaire.

Un coup de vent violent, présage de la tempête qui est annoncée depuis quelques jours vient disperser ces tableaux si variés.

Comme une nuée de palombes, nourrices et nourrissons ont bien vite pris leur vol et cherchent un asile sous les arceaux de la place de Guipuscoa. On n'y peut plus circuler : c'est un fouillis de rubans, de dentelles et de joujoux.

Une vraie foire aux marmots, du milieu de laquelle s'élève un brouhaha indescriptible de cris d'affolement, de rires perlés, de pleurs même ; car la poussière en a fait des siennes : de bien jolis petits yeux ont été envahis !

Les flâneurs arrêtent leur promenade pour caresser du regard ce spectacle charmant.

Talleyrand aimait les enfants, « quand ils pleuraient, disait-il, parce qu'on les emporte. »

Le mot est féroce.

N'était-ce pas plutôt parce qu'à l'âge où il émettait cette pensée à laquelle il avait la prétention de donner la force d'un aphorisme, la jalousie lui étreignait le cœur : il était déjà le passé.... et l'enfance, qu'elle rie ou qu'elle pleure, c'est l'avenir avec ses illusions et ses espérances.

En rentrant à l'hôtel, je remarque des groupes animés à la porte du théâtre, Calle-Mayor, on entre, on sort en gesticulant: des escouades de troupiers sans armes, conduits par leurs sergents traversent gravement la foule bigarrée et s'engouffrent sous le péristyle.

C'est la *Vacuna!* La vaccine obligatoire et gratuite, voilà une obligation et une gratuité fécondes !

Sur tous les points de la ville des affiches annoncent que la commission de vaccination fonctionne en permanence: la municipalité vigilante recommande à tous de se faire vacciner, des mesures générales de salubrité sont rigoureusement prescrites et non moins rigoureusement exécutées : la petite vérole noire est en ville !

On frémit, rien qu'en y pensant.

Le seul mot de choléra eut, cependant, plus vivement impressionné le pays : plus d'un front se serait assombri.

La petite vérole noire est bien plus redoutable.

Elle ne paraît pas autrement émouvoir ce brave peuple qui l'an dernier se barricadait contre le choléra !

Chacun va, en souriant, offrir son bras à la lancette de la Commission.

Personne ne s'y soustrait : hommes, femmes, enfants, pékins et militaires.

Pensez donc, Mesdames ! La vaccine, plus que la poudre de riz, protège la beauté !

LES LETTRES

LES LETTRES

Chez Bolla.— Uno avulso non deficit alter. — Soraluce. — Un acte de justice. — La Presse. — Euskal-Erria. — Manterola et M. Antoine d'Abbadie.— Les Bascophiles.— La langue Mère. — Adam et Eve. — Les poëtes. — Le Prince Lucien Bonaparte. — Jeux floraux. — Le Dictionnaire de Aizquibel.— Les Écoles.— L'institut Provincial. — Le Café concert. — Pauvre art! — La France à l'étranger. — Départ des pêcheurs.

L'un des premiers soucis du touriste, à son arrivée à St-Sébastien, est d'aller se munir d'objets espagnols qui doivent, au retour, donner à ses compatriotes une haute idée du grand voyage réalisé.

On tient essentiellement, en débouclant sa valise, à étaler le petit musée et à déclarer, en se rengorgeant, que l'on a visité l'Espagne....

Voyez plutôt : castagnettes, tambourins, jarretières à devises tendres — honni soit qui mal y pense ! — éventails, mantilles, rubans etc.

Et l'on se met en campagne.

De tout temps nous allions frapper à la porte du magasin de Don Pedro Bolla, Calle San Geronimo ou à celle de sa magnifique annexe de l'Alameda.

Tout le monde a connu le père Bolla, c'était le type de la douceur dans l'obligeance.

Nous l'avons vu, un jour de courses, pris d'assaut par une foule de gens pressés.

Que de questions naïves !

Que de demandes saugrenues !

Tiraillé d'ici, interpellé de là, il faisait face à tout, avec une bonhomie charmante : son calme était inaltérable et lorsqu'au fond du cœur, il dut envoyer à tous les diables ces indiscrets de français, il répondait à tous avec bonté.

Je vois encore sa vénérable tête blanche émergeant du milieu des mille objets de son bazar universel : un vrai patriarche.

Selon l'usage, je vais chez Bolla !

Le père Bolla n'est plus là ! Il est mort depuis bientôt deux ans.

Les Français, auxquels la quarantaine de l'été dernier a fermé l'Espagne, ne le retrouveront plus à son poste et lui donneront plus d'un regret.

Mais, *uno avulso non deficit alter*.

Ils y trouveront la même obligeance et la même cordialité : les petits fils ont remplacé le grand père, il est des traditions qui ne se perdent pas.

Don Cándido de Soraluce, Consul de la République Argentine et petit-fils de Bolla me reçoit avec la plus parfaite courtoisie.

Je lui suis présenté par Don Carlos Calisalvo auquel M. Congosto, le Vice-Consul d'Espagne à Bayonne, a bien voulu me recommander.

Don Carlos Calisalvo, armateur renommé de St-Sébastien s'acquitte de son mandat avec une grâce extrême.

Je suis ici en pleine Espagne littéraire.

Don Cándido de Soraluce porte un nom illustre dans la province du Nord.

Son père était un guipuscoan dévoué qui avait consacré à la gloire de son pays, une vie entière d'étude.

Par son histoire générale de Guipuscoa, il s'est placé au rang des meilleurs historiens de l'Espagne et le nombre des brochures écrites par lui en l'honneur de sa patrie est considérable. L'Ayuntamiento de St-Sébastien vient de décider qu'une des nouvelles rues de cette capitale porterait le nom du savant historien Don Nicolas de Soraluce.

Il sera en belle compagnie, Garibay, Peña Florida, Idiaques, Elcaño, Churruca, Oquendo...

C'est là un acte de justice, c'est ainsi que les journaux de Madrid le qualifient, acte de justice qui honore en même temps et la mémoire vénérée qu'il consacre et l'intelligent alcalde à l'initiative duquel il est dû.

La vie littéraire est très développée dans cette province où toutes les richesses semblent avoir été entassées par la Providence.

La presse y compte de nombreux organes; tous les soirs des gamins à la voix perçante, crient les nouvelles et offrent le journal à un sou !

El Eco de San-Sebastian, conservateur libéral.

La Voz de Guipuscoa, organe de l'opinion républicaine.

L'Urrumea, organe libéral de certains intérêts locaux.

Le *Diario de San-Sebastian* conservateur catholique, qui m'a rendu son éloge très difficile par l'accueil beaucoup trop indulgent qu'il a fait à mon nom !

Enfin, *El Boletin oficial*, organe de l'Administration, publié aux frais de chaque province, et que l'on trouve affiché partout : il ne contient que des documents officiels.

On le voit, la presse périodique est largement représentée dans la seule ville de Saint-Sébastien.

Elle reflète exactement le mouvement intellectuel de cette population active, intelligente, laborieuse et essentiellement libérale.

Dans la région sereine des études littéraires nous trouvons l'*Euskal Erria,* revue paraissant les 10, 20 et 30 de chaque mois.

Fondée en 1880 pour un bascophile ardent, José Manterola, la revue a rendu de grands services aux lettres.

Il suffit de parcourir quelques numéros de ce recueil intéressant, pour se rendre compte du soin qu'apportait à sa rédaction son intelligent et regretté fondateur.

Il fut malheureusement enlevé fort jeune à l'affection de tous.

Grande perte pour les lettres! St-Sébastien rendit à cet enfant dévoué les plus grands honneurs.

Dans un livre uniquement consacré à la mémoire de José Manterola, j'ai pu lire l'expression des regrets et des larmes que causa sa mort.

C'est que l'œuvre de Manterola était déjà considérable.

On lui devait le *Cancionero basco* et ce monument important, élevé à la langue natale pour laquelle les Basques ont conservé un véritable culte d'amour filial, avait valu à José Manterola une notoriété qu'accroissait chaque jour le succès de la revue dont il était l'âme.

Le vœu formulé par mon éminent compatriote M. Antoine d'Abbadie à la nouvelle de sa mort « puisse Guipuscoa trouver à José Manterola un « digne successeur ! » a été exaucé.

La direction de sa revue est confiée à son collaborateur M. Antonio Arzac.

Il continue les traditions de son fondateur, son talent maintient son œuvre patriotique et lui promet un long avenir.

Les collaborations les plus précieuses lui sont assurées.

C'est vraiment de l'amour que les Basques ont pour leur langue.

Langue superbe il est vrai; une langue mère !

Dans le peuple, on vous dira, avec un aplomb amusant, que Dieu parlait basque avec Adam et Eve, au Paradis terrestre.

Ne riez pas !

On ajoutera même, que le mont Ararat doit

son nom à une exclamation poussée par Noë, quand son arche atterrit !

Je n'examinerai pas le bien fondé de cette *histoire*, on ne veut pas que ce soit une simple légende.

Je me contenterai de me souvenir de l'impression profonde que fit en moi, tout à la fois la douceur et l'énergie de cette langue, quand j'entendis pour la première fois les tendres inspirations de Carmelo Etchegaray, les élans passionnés d'Iparraguire, les énergiques appels d'Elizamburu : ces paroles sonores et douces frappent harmonieusement l'oreille et sans en comprendre un seul mot, on sent l'âme du poëte passer dans la vôtre....

Les caresses pour être comprises, n'ont pas besoin de mots...

C'est ce qui explique que les études basques aient séduit, même en France, certains esprits élevés, réfléchis, ardents au travail. A leur tête, se trouve le Prince Lucien Bonaparte, le premier bascophile de l'époque, la plus haute autorité, reconnue pour telle, en pareille matière.

Il est parvenu, non seulement, à parler et à écrire le basque, comme un basque lettré, mais encore à en connaître tous les dialectes, toutes les formes, toutes les richesses, à en vaincre toutes les difficultés.

Après lui, M. Julien Vinson, professeur à l'École des langues orientales de Paris, auquel un court séjour au pied des Pyrénées permit de saisir merveilleusement tous les secrets de cette langue mystérieuse et charmante.

Et tant d'autres, parmi lesquels il faut nécessairement saluer, M. Antoine d'Abbadie, le célèbre géographe, membre de l'Institut de France.

M. d'Abbadie est un bascophile déterminé.

Il a fondé des concours de poésie, auxquels se rendent les poëtes des deux versants Pyrénéens, véritables jeux floraux qui ont puissamment contribué à développer, dans ces patriotiques populations le culte de la langue Euskarienne.

Il est le vrai *Père des lettres Basquaises !*

La langue basque a des grammaires et des dictionnaires.

On comprendra que je ne sois pas en mesure de faire, moi profane, un cours d'Euskarologie : *Agur, Yauna! Agur, Anderria!* tel est mon seul bagage.

Franchement, ce n'est pas suffisant.

Comment, cependant, ne pas mentionner la magnifique publication du dictionnaire Basco-Espagnol de J. Francisco d'Aizquibel, que j'ai admiré sur la table de la Diputacion.

L'œuvre, qui coûta quarante ans de sa vie à son auteur, est immense, un véritable Littré de par delà les monts.

La reproduction fait le plus grand honneur à l'importante imprimerie Eusebio Lopez, de Tolosa qui l'a fait précéder d'un titre en chromo, dont les dessins sont dûs au jeune et déjà célèbre architecte guipuscoan, Morales de los Rios.

Indépendamment du mouvement littéraire très accentué dans les provinces Basques, il est facile de se convaincre du développement de l'instruction publique dans ce pays. A chaque pas, on rencontre des écoles publiques, de garçons, de filles, de *parvulos* (salles d'asile).

Il semble même qu'on a suivi, peut-être même l'a t'on devancé, l'élan donné en France aux constructions scolaires.

Le luxe envahit l'école : l'enfant étudie dans des palais.

Est-ce bien le moyen de lui faire aimer sa chaumière de paysan, sa cabane de pêcheur ?

Bref, il y a beaucoup d'écoles et beaucoup d'enfants dans les écoles.

La loi édicte l'obligation.

L'alcalde veille, par ses agents, à ce que les prescriptions de la loi soient observées et chaque *pueblo* (cité, ville ou village) paye ses écoles, dont les instituteurs, munis du brevet professionnel, sont nommés sur la présentation de la Commission provinciale d'instruction publique.

L'enseignement secondaire, *segunda enseñanza*, est aussi très développé.

On est frappé de la magnificence de l'*Instituto Provincial* de St-Sébastien.

Cet établissement occupe l'aile gauche du Palais de la Diputacion qui paye les professeurs nommés par l'État.

Un observatoire, un cabinet de physique, un laboratoire de chimie, en un mot, tout ce qui constitue le progrès dans l'instruction se trouve réuni dans ce beau temple des sciences et des lettres.

Tout respire le progrès à St-Sébastien.

Une note discordante toutefois.... Le Café-concert !

Le café-concert nous envahit en France.

Il n'a rien de commun avec l'art, cela est hors de conteste, et il faut, d'une part, toute la lassitude de la journée parisienne, de l'autre, tout le talent mimique des étoiles de l'*Horloge* ou des *Ambassadeurs*, pour se permettre d'aller se dérider dans ces célèbres cafés-concerts des Champs-Elysées !

Mais, une fois n'est pas coutume !

Je me souviens de l'indignation de nos graves censeurs, lors de l'apparition, sur les scènes minuscules de ces cafés en renom, des fameuses chansons : *Le Petit Bleu ; Il a z'un œil qui dit ; Le chef-d'œuvre de la nature !* etc. etc.

Eh ! bien, *tout-ça c'est des chefs-d'œuvres*, à côté de ce que nous avons entendu au café-concert de l'avenue de la Liberté, à St-Sébastien.

Je comprends que toutes les infortunées, qui vont porter par delà nos frontières les restes de voix qui tombent et d'ardeurs qui s'éteignent, ne soient pas tenues d'être belles.

Mais elles sont *tenues* d'avoir de la *tenue* et de respecter le nom français, en respectant les oreilles étrangères....

Nous avons, pendant deux heures, entendu défiler une série de chansons prétendues comiques, elles n'étaient que malsaines, auxquelles surément, la censure française a refusé droit de cité : alors, on les exporte.

Inepties navrantes ! Ordures grossières !

Pas le moindre sel, du fumier....

C'est ainsi que la civilisation et la littérature françaises sont représentées dans ce pays, tout d'élégance et de progrès !

Puis, des chants, soi-disant patriotiques, qui ne parlent que de nos défaites, dans un pays où le sentiment de la gloire militaire est si fièrement développé.... Puis, des chants politiques, dont les strophes échevelées vantent le système républicain dans un pays monarchique et libéral.....

Puis encore, des dithyrambes socialistes, dans un milieu où tout le monde travaille....

C'est ce que l'on appelle la diffusion de l'art français !

Que font donc nos agents ?

Il n'est que temps de regagner son gîte.

Pour secouer les impressions qu'ont fait naître ces chansons macabres, nous revenons par le bord de la Concha.

Le ciel est noir : peut-être pleuvra-t-il demain ? La flotille de pêche prépare ses départs ; une douzaine de petits vapeurs se balancent sur les vagues.

Leurs feux sont allumés, verts et rouges, au haut du mât, à babord et à tribord.

On ne voit que le scintillement des lanternes, la masse des navires est dans l'ombre.

On dirait des étoiles qui rasent les flots....

Des sifflets prolongés appellent les marins

attardés dans quelque *posada*.

Sur le môle, un couple se serre dans une vigoureuse étreinte.

Nous entendons le bruit d'un gros et franc baiser et le jeune pêcheur saute dans la barque qui va rejoindre le vapeur, lançant à sa femme qui s'éloigne, deux mots basques inintelligibles. Mon compagnon me les explique : « Soigne bien l'enfant ! lui a-t-il dit, et à la grâce de Dieu! »

LE PORT

LE PORT

Le marin basque. — La vie à terre. — Le Barrio de Jarana. — Les gamins. — Les barques arrivent. — La bourse aux sardines. — Les cascarottes. — Ces Messieurs font leur toilette. — Les dépouilles opimes. — Au marché au poisson. — La poissarde universelle. — Mouette et terre-neuve. — Un héros populaire. — Le Mirador. — Domingo ! — Les pieuvres !

C'est que c'est une rude vie que celle du pêcheur basque !

La lutte contre les éléments, dans les golfes de Gascogne et de Biscaye, est terrible.

Que de récits lamentables ! Que d'héroïsmes consolants !

Il faut visiter longuement le port de St-Sébastien.

On ne regrettera pas les heures passées ainsi à

observer, à épier, à comprendre cette existence de labeurs et d'émotions !

Le port est formé par quatre môles qui le défendent contre la violence des lames.

A certains jours, il est bondé de barques et de navires de tous les pays.

L'arrière-port est réservé aux bateaux de moyen tonnage.

Les grands transports de commerce, les navires de guerre restent en rade dans la baie, amarrés aux nombreux corps morts, sous l'abri protecteur de l'île Santa Clara.

Dans l'avant-port, sont les embarcations de pêche, de toutes les dimensions ; un vrai musée.

Le môle nommé *Caya-Arriba* mérite une longue visite.

Il est appuyé à la base du Mont Urgullo. On passe la porte monumentale du port, sous laquelle se trouvent les postes des douaniers et des gardes de la ville, on tourne à droite et l'on prend par le *Chomin-Gancho,* pour longer la montée de la citadelle, en passant devant une fontaine et un lavoir public, où la conversation animée des lavandières, mêlée au bruit de leurs battoirs, constitue le plus amusant charivari du monde et l'on arrive au centre du *Barrio de Jarana*. Une véritable ruche, c'est là le quartier des Pêcheurs.

Une longue construction blanche aux fenêtres rouges, presque une caserne, en façade sur le port, donne asile à de nombreuses familles de pêcheurs.

L'avancée de ces logis repose sur une colonnade de pierre, formant rue couverte, sur laquelle s'ouvrent de nombreuses boutiques et des débits de boissons.

C'est là que se passe la vie *à terre* du pêcheur basque.

Des nuées d'enfants, au teint bruni par le hâle de la mer, s'ébattent sur les dalles glissantes, autour de leurs mères, qui, assises par terre, les jambes étendues, racommodent les filets bruns, en attendant le retour des pêcheurs. C'est une longue besogne que la campagne de chaque jour ramène toutes les vingt-quatre heures.

Le pêcheur soigne ses filets, comme le soldat son fusil !

Trois étages de logements s'élèvent au-dessus de la colonnade et à chaque fenêtre, à côté d'un pot de basilic ou d'œillet, en plein soleil, pendent de nombreux spécimens du vestiaire de famille.

C'est assez rudimentaire comme lingerie ; mais la crudité des tons, la variété des couleurs forment un ensemble pittoresque qui donne un cachet tout particulier au tableau.

Les premières barques sont signalées.

La ruche, assez calme jusque-là, s'anime et devient bruyante.

De toutes les fenêtres, des cris aigus répondent aux appels partis du môle.

De toutes les portes, s'échappent de vrais escadrons de femmes qui, le panier vide sous le bras, courent au débarcadère recevoir la *marée*.

Les barques abordent : la pêche a été fructueuse ; la sardine et l'anchois abondent cette année : ils ne coûteront pas gros et les agriculteurs pourront en fumer leurs terres.

Une véritable bourse s'établit, à l'arrivée des barques, avant qu'on les décharge.

Une poissarde superbe, à la hanche rebondie, le haut chignon mal enfermé dans les plis d'un madras dont les pointes forment deux cornes gigantesques, tient un papier et un crayon à la main.

Elle semble la reine de céans ; malheur à qui parle avant elle, une bordée d'objurgations basquaises s'échappe de sa bouche édentée et cloue la langue de l'imprudent.

Elle entame un colloque avec le patron de la première embarcation, afin d'établir le cours du jour.

Un échantillon de sardine lui est hissé à terre dans un petit sceau de bois qui servira de mesure pour tout le marché de la journée.

Elle tâte, sent, tripote le petit poisson argenté, puis elle le rejette dédaigneusement au patron, en lui lançant un prix.

A côté d'elle, une offre nouvelle est faite ; parfois un accapareur se présente : elle *l'em-*

poigne et l'homme intimidé bat en retraite devant la virago résolue.

Pendant un moment le tumulte est indescriptible ; les bras sont en l'air, les poings se montrent,les chignons remuent nerveusement, les voix s'enrouent...

La corbeille de nos agents de change n'est rien à côté de la bourse aux sardines.

Enfin, le cours est établi ; le calme se fait comme par enchantement ; les seaux font le va-et-vient le long de la muraille du môle, pour remplir les larges paniers plats, qui juchés vivement sur les têtes échevelées et ruisselantes, disparaissent emportés au galop par les cascarottes,dont les rues sonores retentissent du classique et strident : *sardina frescua !*

Pendant ce temps, on déblaye les barques.

Les rudes marins, — ils sont en moyenne onze, par embarcation, non compris le patron, — profitent du brouhaha pour faire leur toilette.

Au milieu du bruit, ils ont gravement remplacé, par la chemise rouge et le pantalon de laine bleue, leur costume de toile cirée jaune, ils troquent le chapeau de paille pour le petit béret classique, et leurs grandes bottes pleines d'eau cèdent la place à l'espadrille ou *espargate,* la légère chaussure de chanvre dont la confection est l'une des branches les plus productives de l'industrie locale.

Du tout, ils forment avec soin un paquet qu'ils ficellent sur le panier dans lequel s'entasse pour chacun sa part de conquête : les menus du jour de la petite famille sont assurés !

De temps en temps, pendant cette opération assez longue, un mot, un long regard répond aux questions des enfants amassés sur le quai.

Ceux-ci sont pressés de connaître les incidents de la nuit ; les questions se multiplient ; les cris de joie éclatent, à chaque poisson qui est engouffré dans le bienheureux panier : à la montée, on se disputera l'honneur de porter au logis ces dépouilles opimes.

Le grouillis des moutards est incroyable.

Il y en a qui mesurent... à peine une botte de

gendarme et qui n'ont pas trois ans : ils sautent, bondissent, cabriolent : les uns passent entre vos jambes et vous font perdre votre centre de gravité ; ceux-ci bousculent les paniers et font enrager les sardinières qui jurent ; ceux-là tirent l'épée du douanier qui sourit en se rappelant le passé, le même pour tous les enfants, et pas un ne dégringole dans l'eau.

En y tombât-il un, beau malheur !

Comme les petits canards, ils nagent en naissant.

La toilette du pêcheur est complète : celle de la barque ne l'est pas encore.

Il faut laver, nettoyer, fermer et ponter la vaillante compagne de lutte, l'amarrer à sa place habituelle, serrer les avirons.

Enfin, tout est terminé.

Des centaines de petits bras se lèvent en l'air, avides de serrer le cou vigoureux du père, qui regagne son logis, comme un triomphateur, les épaules et les bras chargés d'enfants...

Derrière, les aînés décident, en combat singulier, celui qui portera le panier.

Que voulez-vous que fasse un œil poché devant un pareil honneur? Le vaincu rajuste sa culotte et rejoint la colonne.

Le port se vide.

C'est le moment de suivre les marchands et d'aller achever la matinée au marché aux poissons.

Toute ville qui se respecte, en Espagne, a un marché au poisson admirablement tenu.

Et ce n'est pas une petite affaire.

Si rien n'est joli et bon comme un poisson frais, rien n'est odieux et horrible comme un poisson qui ne l'est pas.

Donc, un marché au poisson bien organisé est un luxe nécessaire.

Celui de St-Sébastien est très vaste, très aéré : il possède, au centre, une belle fontaine fort abondante ; tout autour, sur le sol dallé, des tables de marbre.

On va, paraît-il, le déplacer pour le rapprocher du port : il est, en effet, un peu loin.

Des monstres marins de toutes les formes

depuis le modeste clovis jusqu'au chat de mer, le turbot du pauvre, s'étalent de tous côtés.

Derrière chaque table, une robuste marchande, noire à force d'être rouge ; elles sont toutes sans voix, tant elles ont crié.

Nous demandons, en espagnol, le nom d'un crustacé quelconque aux formes bizarres.

On nous répond en basque, un mot idéalement compliqué.

Nous n'avons rien compris.

Mais un *agur* crâne, accompagné d'un *eskariskaski* (merci) audacieux, dont nous sommes très fiers, nous vaut un large et maternel sourire.

Il semble que le ton du marché est, sinon tout à la joie, du moins tout à la dispute.

On ne s'entend plus.

Le vacarme du port a repris des plus belles, sous le dôme en tôle du marché au poisson.

Autre vérité internationale: *l'aménité* des poissardes est de tous les pays.

Il y a dans l'air un entrecroisement de mots étranges, d'expressions énergiques, qu'on se lance par dessus les têtes! Vous croyez qu'on va se prendre aux cheveux?

Détrompez-vous: ce sont, paraît-il, les termes accoutumés, c'est le fond de la langue spéciale aux cascarottes.

Nous pâlissons à la traduction qui nous en est fournie par un aimable flâneur.

Et quelle volubilité !

C'est à peine, si elles prennent le temps de respirer...

J'en vois deux, qui assises gravement derrière leur étal, conversent sur le diapason le plus élevé.

De la main droite, elles jettent, dans les paniers des cuisinières qui en demandent, une poignée de coquillages : la main gauche est tendue, ouverte pour recevoir le sou du prix.

Elles n'ont pas sourcillé !

Elles parlent les deux en même temps : nous voulons compter les secondes : il y a des phrases qui durent des minutes.

Sont-ce des femmes, ou bien des automates, montées à rendre Vaucanson jaloux ?

L'industrie guipuscoanne est tellement habile

qu'elle a bien pu créer, comme spécimen, ces deux statues parlantes de la poissarde provinciale.

Nous pensons à Grévin qui pourrait venir prendre un modèle nouveau pour son musée.

Cela dure trop pour notre curiosité.

Poliment, nous demandons à l'une le nom d'un de ses petits monstres diaprés : pas de réponse.

Plus de doute, c'est un automate : cependant nous tentons une épreuve.

D'un doigt indiscret, je le reconnais, nous démolissons un petit tas de coquillages... le sentiment seul de la propriété peut, paraît-il, arrêter une poissarde qui parle : un vigoureux *debrien* quelque chose... accompagné d'un regard de flamme, nous fait tourner les talons.

Nous en courons encore...

Mais, que diable, pouvait-elle donc se réciter de si intéressant ?

Le vent souffle des plus belles : la mer grossit, il y a tempête au large : elle arrive sur nous.

Nous revenons au Barrio de Jarana.

Les mouettes, en longues bandes blanches, s'ébattent sur les vagues en poussant leur cri plaintif.

D'un vapeur, part un coup de fusil ; l'une d'elles tombe et rentre en nageant dans le port.

Un terre neuve est lancé du bord après elle.

Elle se défend du bec et le brave animal, si prompt à repêcher un homme qui se noie, n'ose frapper un pauvre oiseau qui agonise : le terre-neuve bat en retraite.

Un gamin du port a plus tôt fait : il met habit bas, saute, plonge et reparaît tenant par les ailes la mouette blessée; toute la gaminerie du Barrio lui fait une ovation.

Il y a des héros à tout âge !

Une importante société de pêche vient d'armer dans le seul port de St-Sébastien, une flotille de quatorze bateaux à vapeur, qui vont au large faire ample moisson.

Ce n'est pas sans quelques méfiances que les braves pêcheurs du port ont vu s'établir cette redoutable concurrence du capital contre leur modeste industrie : à la réflexion toutefois, les appréhensions se sont calmées.

La flotille a nécessité un nombre considérable d'engagements : il y a bien une dizaine d'hommes par navire ; chacun d'eux est largement rétribué.

N'est-ce pas le pain assuré pour de nombreuses familles,et assuré, c'est bien le cas de le dire, contre vents et marée ?

N'est-ce pas le danger du naufrage, qui menace à chaque instant dans le golfe terrible, la fragile embarcation, éloigné, sinon absolument conjuré, par le vapeur à l'hélice puissante ?

N'est-ce pas, enfin, dans les mauvais temps, un secours précieux !

Que de barques exposées dans une tempête inattendue, qui ne pouvant retrouver la passe de Santa Clara ou de Pasages, ont rencontré quelques-uns de ces vapeurs dont l'amarre les a heureusement remorquées !

La baie est animée, presque tous les vapeurs sont en rade : car la mer est houleuse, personne ne sortira ce soir.

Au bout du Barrio de Jarana, un petit monument arrête mon regard.

C'est sur un socle de pierre, un modeste grillage, entourant un buste qui fait face à la mer.

Ce buste est celui d'un héros populaire.

La tête, calme et énergique, porte le béret national.

C'est le buste du pêcheur Mari!

L'inscription gravée sur une plaque de marbre me dit quel était cet homme.

Dans son laconisme éloquent, elle fait bien comprendre et l'éclat de l'hommage et la grandeur du héros.

A la memoria
de
MARI
(José-Maria-Zubia)
Humilde pescador que coronó
Una vida de abnegation heróica
Muriendo trágicamente
Al dar ausilio á varios naúfragos,
El 9 de Enero de 1866.

SUS ADMIRADORES.

A la mémoire de MARI (José-Maria-Zubia)
Humble pêcheur qui couronna
Une vie d'abnégation héroïque,
En mourant tragiquement
Tandis qu'il secourait plusieurs naufragés
Le 9 janvier 1866.

SES ADMIRATEURS.

Quel hommage, en effet, plus magnifique dans sa simplicité!

Quel plus salutaire exemple!

Il avait déja sauvé beaucoup de ses semblables!.

Son abnégation avait cent fois bravé la mer. La fureur des flots semblait respecter son courage et ses concitoyens étaient rassurés, car le brave Mari veillait.

Un jour, le 9 janvier 1866, une barque est surprise par un ouragan : jouet des vagues furieuses, elle est mise en pièces et les malheureux naufragés, accrochés à une épave, luttent contre la mort.

Du port, on assiste à l'horrible agonie. Mari saute dans sa lanche : il appelle à lui, les braves qui ont foi dans son courage et les voilà partis.....

Mais la mer irritée ne veut pas se laisser dompter par son heureux adversaire.

Au moment où sa main va atteindre les naufragés, le bateau sauveur disparaît à son tour.

C'est au secours de Mari qu'il faut voler à cette heure !

L'héroïsme enfante l'héroïsme.

Un autre valeureux marin, Olandez, je crois, fait force de rames pour arracher à la mer celui qui tant de fois lui disputa ses victimes.

Les compagnons de Mari sont sauvés.....

Mais lui, où donc est-il ?

On sonde du regard la profondeur des vagues ; on cherche dans les brisants....

Enfin, entre deux vagues, on voit son cadavre flotter quelques instants, comme pour bien attester qu'il meurt au champ d'honneur et s'abîmer, dans les flots.

Cette fois, hélas ! la mer ne rendit pas sa proie, mais l'admiration de la cité, témoin de sa vie d'abnégation et de sa mort glorieuse, a voulu faire revivre le nom de Mari.

Dans un pays où tant d'hommes illustres ont laissé après eux une trace brillante, il était juste d'honorer l'humble pêcheur.

On a élevé à sa mémoire, le monument modeste qui lui convenait.

On l'a placé là, où lui-même eût désiré, sans nul doute, être enseveli... face à l'ennemi ! Bien sûr, plus d'un héros ignoré, en gagnant la haute mer, a salué fièrement le buste impassible de Mari et a pu lui dire, en toute confiance : « Dors en paix, patron, tes fils sont dignes de toi ! »

A côté du monument, s'élève la *Tour du Port* avec le dépôt des câbles et autres engins de sauvetage.

Puis, à l'extrémité du môle, le *Mirador,* large balcon que balaye la mer et d'où la vue s'étend de la baie, sur la côte et au large.

Spectacle grandiose dont l'immensité vous étreint le cœur, déjà ému au récit de tant de luttes et de tant d'actions d'éclat.

Sur le parapet du Mirador est accoudé un vigoureux marin.

Le menton rivé dans la main, il regarde la vague qui passe sans cesse, nous inondant parfois de sa pluie de perles.

Je l'interroge, il me répond presqu'à voix basse, sans bouger, son regard ne se détourne pas de l'entrée de la passe.

Deux autres vieux loups de mer s'approchent et voilà les trois marins, comme médusés par le terrible élément, graves et silencieux.

De temps en temps, je saisis quelque rare monosyllabe, s'échappant de leur bouche crispée... La mer a de ces attractions irrésistibles.

Souvent, le montagnard fuit la montagne; on dirait qu'il redoute d'être écrasé par elle: le marin reste toujours fidèle à la mer, il semble au contraire qu'elle l'attire.

Il la regarde sans cesse, elle le fascine.

A peine débarqué, il revient à la plage, au môle, au rocher.... il aspire à pleins poumons les parfums sains qui s'en dégagent : il regarde et se tait.

Tout à coup, dans la vallée profonde, creusée par deux vagues gigantesques, apparaît la cîme effilée d'un mât, dont la pointe blanche tranche vivement sur le vert foncé des flots.

Un sifflet, long et triste, perce le bruit de la mer : c'est un vapeur... on distingue une amarre tendue... un cri s'échappe en même temps de ces trois poitrines qu'un même souffle anime : « Domingo ! Domingo ! »

Le cri est répété par les enfants qui grouillent dans le bas !

Domingo, le seul qui n'était pas rentré devant la tempête : il est remorqué par un vapeur de la flotille, en retard lui aussi....

Dans la barque de Domingo, ils sont six, plus le mousse, le patron et le chien noir qui jappe en réponse aux acclamations des amis.

A la descente d'une montagne d'eau, nous pouvons les compter. Le vapeur a retiré l'amarre et se dirige vers les corps morts.

Domingo calme, manœuvre le gouvernail : on le reconnaît de loin, à sa haute stature, à sa chemise rouge.

Ses hommes, jeunes et solides gaillards, s'arc-boutent sur leurs bancs, se couchent sur leurs avirons ; encore deux coups de rames et le premier môle est doublé..... la lanche entre tranquillement dans le port.

De toutes parts, on se précipite ; mais on ne crie plus, on est haletant.,. ils étaient attendus depuis le matin !

Les femmes se groupent près de l'escalier au bas duquel la barque accoste.

Je suis frappé du silence qui règne.

Si les langues se taisent, les cœurs battent bien fort. *Gachoua !* (pauvre !), c'est le seul mot qu'elles disent à demi voix, le visage inondé de larmes que la joie du retour va bien vite sécher...

Chacun des matelots fait sa toilette, chacun corde son panier : sans prononcer une parole, sans un serrement de main, — on se retrouvera bientôt, — il vient le déposer aux pieds de sa compagne qui s'essuie fièvreusement les yeux, puis redescend au bateau.

En moins de temps qu'il n'en faut pour l'écrire, la toilette de la barque est faite.

Ils remontent tous, aident la femme à charger le paquet sur sa tête et s'éloignent....

Domingo, la cigarette au coin des lèvres, monte enfin et raconte, avec calme, la journée terrible.

Quelles rudes physionomies !

Quelles scènes touchantes amènera au logis, la détente de ces nerfs énergiques, surexcités par le danger, le devoir, l'émotion de l'attente !

Braves gens !

Les nuages se sont déchirés : le soleil va se coucher dans tout l'éclat de sa nimbe d'or, rendant sa gaîté au tableau, que j'ai devant moi.

Le mousse remonte le dernier : il est guilleret, joyeux, son panier est lourd.

C'est un loustic, ce jeune mousse ; tous les gamins l'entourent, en attendant qu'ils le remplacent dans la lanche.

Pour s'en dépêtrer, il secoue sur eux une énorme pieuvre...

Dix sous, dit-il, en me l'offrant !

Merci ! *Elles* coûtent plus cher chez nous !

Seulement, celles-ci on les mange à une sauce

basquaise, vigoureusement pimentée, c'est un régal.

Les autres, celles de chez nous, elles nous dévorent....

TOLOSA

TOLOSA

En route vers Tolosa.— Un aimable homme.— Souvenir de la guerre civile. — Hernani et Santa-Barbara. — Ils ont trahi. — La ville. — Le marché.— Les roues pleines.— Chants du soir.— Le savon obligatoire. — Les señoritas. — On baptise à la cathédrale.—Le badigeon. Le balayage. — Encore la vacuna. — La place de la justice. — Chez Altuna. — Le Puchero.— Le cidre. — Basques, Béarnais et Normands.— Las Escuelas pias.— José de Calazans. — Le baccalauréat. — Xavier de Barcaisteguy.

Don José Maria, l'un de mes compagnons de table d'hôte, me propose de me faire les honneurs de Tolosa, sa ville natale.

Cette offre obligeante est acceptée avec enthousiasme : Don José Maria est connu de tout le monde dans la province : c'est un cicerone précieux autant qu'aimable: nous voilà donc partis un matin, de St-Sébastien.

Le train qui nous emporte est bondé de monde.

C'est jour de marché à Tolosa ; l'ancienne capitale de Guipuscoa présentera l'aspect le plus animé.

La journée s'annonce superbe: il faut trois quarts d'heure à peine pour parcourir les vingt-six kilomètres qui séparent les deux villes.

Le train s'enfonce dans de riants vallons dont les teintes sombres et les replis gracieux contrastent singulièrement avec les cîmes nues des hautes montagnes qui les dominent.

Celles-ci, avec leurs crêtes déchiquetées, ressemblent à de gigantesques forteresses.

Derrière ces créneaux naturels, on s'attend à tout instant à voir briller des fusils et des casques: l'illusion est facile, car les blanches maisons qui dorment à leurs pieds, portent encore de larges blessures.

Des pans de mur éventrés, des miradors écrasés, des boiseries noircies par l'incendie, tout autant de souvenirs lugubres de la lutte fratricide de ces dernières années !

Voici Astigarraga, groupé autour du palacio du marquis de Valdespina.

Mon compagnon me dit fièrement que le palais a été détruit de fond en comble pendant la guerre : mais il a été reconstruit bien vite après.

Je pense mélancoliquement au mot historique : « Quand la bâtisse va, tout va. »

Hernani... quelle ravissante situation ! L'Eglise semble protéger de son campanille élevé la petite ville élégante, coquettement étalée dans sa ceinture de villas, de jardins et de serres.

Nous levons les yeux.

Au sommet d'un mont inaccessible, s'élève le fort imprenable de *Santa Bárbara*, imposante forteresse, dont on aperçoit de tous les points du district les longues murailles, dernier mot de l'architecture militaire.

Hernani a soutenu un siège héroïque pendant le dernier soulèvement carliste : il n'a pas voulu se rendre.

A un moment donné, deux artilleurs gardaient

seuls la citadelle; le dévouement des citoyens veillait: l'armée du Prétendant n'a pu y pénétrer.

Du fond de mon wagon, quelqu'un s'écrie : « Si elle n'a pas pris Hernani, c'est qu'elle ne l'a pas voulu. »

La veille, on me disait la même chose pour St-Sébastien, pour Irun, pour Bilbao !

Alors quel était son but ?

On bombardait les cités invaincues ?

Etait-ce une simple question de tir à la cible ?

Les uns prétendent que l'armée carliste n'a pas voulu prendre ces villes, autour desquelles on se battait avec acharnement et au milieu desquelles on amoncelait les ruines !

Les autres affirment que l'armée a été vendue par ses chefs !

J'ai sur ma table un livre intitulé : *Dorrégaray y la traicion del centro !*

L'argument est connu.

Nous avons, nous aussi, à des heures sinistres, entendu parler de trahison.

Le patriotisme déçu, devant le sol envahi, se

laisse parfois entraîner à de douloureux égarements ; il n'y a plus de généraux malheureux, il n'y a que des traîtres !

Mais ici, ce n'était pas la guerre pour la défense du territoire contre l'étranger.

Il est probable que les bras espagnols se fatiguaient de frapper des poitrines espagnoles.

La guerre civile finit toujours par avoir ses heures de lassitude et d'écœurement.

Il eut été plus simple de laisser à leurs travaux calmes et fructueux, ces braves laboureurs ; on eût épargné ainsi du sang inutilement répandu, et ces belles provinces n'auraient point perdu des années précieuses pour le développement de leur richesse et de leur prospérité.

Leur sol fécond s'est chargé, du reste, de les aider à réparer promptement leurs pertes.

A droite et à gauche de la voie, ce n'est qu'une forêt de cheminées d'usines ; des cités industrielles s'élèvent de tous côtés.

Chaque cours d'eau a son armée de turbines, dont le roulement incessant proclame la vitalité de la nation et les bienfaits de la paix.

Tolosa est une jolie ville que traverse la rivière l'Oria, dans une vallée étroite entourée de hautes montagnes.

Le long des rues, en file régulière, les paysannes au capulet rouge, assises sur leurs talons et sur les trottoirs, offrent les produits de leurs fermes.

Le petit fromage à la croûte dorée domine dans les paniers : c'est un objet de première nécessité pour ces sobres montagnards.

Le bêlement des petits agneaux mérinos, au museau fin, aux jambes grêles, forme un vacarme assourdissant, avec le bruit strident des roues *pleines* des chars, grinçant sur leurs essieux de bois.

Cela me rappelle un concert nocturne que nous eûmes, il y a vingt ans, en Biscaye, près de Durango !

Nous montions à pied une côte de plusieurs kilomètres.

La nuit était superbe : à nos pieds dans le creux des vallons dormait la brume, en larges flocons blancs qu'argentait la lune.

Le décor eût prêté à quelque apparition wagnérienne.

Dans le lointain, des bruits répercutés par l'écho, frappaient nos oreilles, sur un mode étrangement mélancolique.

Ils approchaient, réveillant sur leur route les coqs qui chantaient à tue-tête.

Les voyageurs français, fortement intrigués, se demandaient si c'était des cris de victime, ou mieux le sabbat des sorcières, ou mieux encore les plaintes des âmes en peine.....

Des notes les plus aiguës, ces voix nocturnes tombaient sans transition aux accents les plus graves ; parfois une longue et traînante mélopée vous déchirait le tympan et vous serrait le cœur.....

C'était tout simplement un convoi de bouviers qui descendait lentement les pentes que nous gravissions.

Nous les croisâmes et il fut facile de nous rendre compte de la cause de ce diabolique concert.

Aujourd'hui, paraît-il, les oreilles rendues

plus délicates par les raffinements de la civilisation, réclament le *graissage* des essieux.

Le pittoresque y perdra sûrement.

Nous voyons un joli petit bouvier de 14 ans, arrêter ses bœufs au frontail frangé et se glissant comme un chat, entre les roues basses, frotter avec acharnement.

Quand il sort de là-dessous, la face rougie par l'effort, il nous dit que son maître lui a recommandé, en entrant en ville, de savonner l'essieu, afin de ne pas fatiguer les oreilles délicates des dames de Tolosa.....

C'est qu'elles sont fort séduisantes, les dames de Tolosa.

Nous en croisons plusieurs groupes animés.

Elles marchent légèrement dans leurs fines chaussures cambrées, enveloppées qu'elles sont dans leur coquette mantille : si leurs lèvres parlent vivement, leurs yeux ne parlent pas moins.

Où vont-elles donc si élégantes et si pressées ?

Nous les suivons à la cathédrale et nous ne

nous en plaignons pas ; le spectacle auquel nous assistons est charmant.

On baptise à Santa-Maria : la vieille cathédrale retentit des piaillements d'enfants.

On en va baptiser trois, en même temps.

Les babies sont enfouis dans la dentelle et les rubans ; les jolies marraines et les graves parrains attendent sous le porche l'arrivée du prêtre.

Que n'avons-nous un peintre avec nous ?

Santa-Maria, avec trois vastes nefs, s'élève sur de colossales colonnes rondes, unies.

Elle a été récemment restaurée : le badigeon, ocre jaune, me paraît moins heureux que la teinte naturelle de la pierre sévèrement noircie par le temps.

Mais qu'y faire ? Le badigeon est un tyran auquel, sur les deux versants des Pyrénées, on sacrifie trop aujourd'hui, au grand détriment de l'archéologie religieuse.

A côté de la cathédrale, sur la façade de laquelle se dresse immense la statue de St-Jean-Baptiste, la maison au fronton armoirié du président de la Commission provinciale permanente, Don Juan Echeverria, que nous saluons sur sa porte : il a quitté aujourd'hui St-Sébastien pour venir donner ses consultations toujours fort recherchées.

Les rues de Tolosa sont d'une propreté remarquable.

C'est toujours une grosse question dans nos villes de province.

Ici, le balayage ne coûte rien.

Les pensionnaires valides de l'hôpital sont chargés de cette opération dont le potager de la sainte maison profite. pour le plus grand bien de ceux qu'elle recueille et qu'elle soigne.

A un coin de rue, le crieur public roule longuement. — On se groupe autour de lui ! C'est encore *la vacuna!*

L'alcalde annonce à ses administrés que la commission spéciale composée de trois professeurs de l'Institut hygiénique de Logroño va se transporter par ordre de la Diputacion Provincial, dans toute la province pour vacciner la population.

La petite vérole noire menacerait aussi Tolosa ! Ça jette un froid !

Serrez vos mantilles, mesdames, et offrez vos bras aux professeurs.

Le marché au bétail se tient sur la *place de la justice*, ainsi nommée parce que le tribunal de 1re instance du district siège sur cette place.

Cette place, qui sera fort belle, est inachevée.

Elle formera un vaste quadrilatère, dont une seule face est construite.

Une large porte s'ouvre au milieu de la classique arcade.

L'autorité municipale donne le terrain gratuitement, à la condition que son plan sera uniformément suivi — trois étages au-dessus de la colonnade élevée comme à la Plaza Nueva de St-Sébastien — et de même qu'à St-Sébastien autrefois, le propriétaire abandonnera, certains jours de l'année, tous ses balcons sauf un, à l'autorité qui sera chargée des frais des courses de taureaux. — Bientôt donc Tolosa aura une superbe *Plaza de Toros !*

Nous sommes arrêtés à chaque pas par de vieilles et superbes maisons aux balcons ouvragés, aux consoles sculptées, aux toits en saillie... Mais l'admiration ne nourrit pas seule le touriste le plus déterminé.

Le plus obligeant des hommes, Don José Maria, me conduit à l'hôtel renommé de Tolosa, chez les dames *Altuna*.

En attendant qu'on serve, on s'installe dans le magasin du rez-de-chaussée où l'on grille plus d'une cigarette en bavardant.

La conversation est fort animée : il est vrai que Doña Maria la nièce de la maison et sa compagne Doña Mónica — une brune piquante et une blonde mordorée — ajoutent un charme nouveau à la tertulia, avec une distinction et une dignité simple qui imposent le respect.

La brune, Doña Maria, a été élevée en France : elle conserve le culte de ses maîtresses, les bonnes sœurs de la Croix d'Ustaritz et Ygon, ces humbles et vaillantes institutrices de la jeunesse basque et béarnaise.

La blonde Doña Mónica est l'une des premières chanteuses du chœur de la cathédrale.

Elles nous apprennent qu'il y a fête à la chapelle du collége d'instruction secondaire et que toute la société élégante s'y est donné rendez-vous.....

L'estomac a des exigences terribles : nous attaquons le *puchero*.

Le puchero n'est pas *ce qu'un vain peuple pense :* c'est le prélude du dîner et c'est, à lui tout seul, tout un dîner !

Un puchero, qui se respecte, se compose d'une multitude de produits : bœuf, volaille, *chorizo* (saucisse au piment rouge), lard, *garbanzos* (pois chiches), haricots, choux verts, piments doux.....

De cet imposant amalgame s'écoule un consommé succulent qu'on vous sert à une pâte quelconque.

Puis, quand vous avez absorbé le liquide brûlant, défilent sur votre assiette les nombreux ingrédients dont il a été extrait.

Comptez : vous avez bien six ou huit plats devant vous.

Il faut prendre un peu de tout et vous sentez déjà vos forces se refaire.

C'est lorsque vous avez avalé, avec tout l'entrain d'un appétit excité par la course, quelques livres de cette encyclopédie culinaire, et alors seulement, que le dîner commence !

Nulle part, le principe de Platon « sortez de table en ayant faim ! » ne fut plus difficile à mettre en pratique qu'en Espagne....

Il est vrai que vous avez, comme véhicule, *la cidra embotellada.*

Le cidre, non pas de Normandie, mais de Guipuscoa, est un nectar.

On ignore trop l'influence salutaire des cidres sur les esprits !

Ce n'est pas dans de simples notes de voyage qu'il est possible de donner une monographie du cidre Guipuscoan ; il faudrait un volume.

Pour ceux qui, généralement ont appris l'agriculture dans ces deux vers célèbres du spirituel Nadaud :

On fait du foin avec de l'herbe
Et le vin avec du raisin !

je dirai qu'on fait du cidre avec des pommes !

Mais quelles pommes ! Le pays en est embaumé, à la saison.

Au moment où je parcours les *manzanales* ou vergers, c'est à peine si un timide point rouge se risque à faire gonfler le bourgeon cotonneux des pommiers.

Les Basques prétendent — non sans raison peut-être — que les Normands tirèrent leurs premières pommes de Biscaye.

Les Béarnais, voisins et amis des Basques, préfèrent le vin au cidre ; mais ils ont aussi la prétention d'avoir — après s'être annexé la France avec *lou Nouste Henric* — fourni la Normandie de pommiers succulents.

Voici le fait : une maladie mortelle détruisit les pommiers de Normandie au XVIe siècle.

Adieu paniers, vendanges sont faites ! La Normandie sans cidre ! On ne peut se faire à une pareille idée.

Vite, le malin Béarnais vint au secours du fin Normand : Henri IV ordonna d'envoyer du fond des Pyrénées, quantité de pommiers.

Après avoir à Arques et à Ivry conquis la Normandie, le Bon Roi lui donnait à boire : vieil usage du Béarn !

Le pays fut occupé par les plants béarnais.

Les vergers ainsi rajeunis retrouvèrent de belles récoltes, et grâce à cette invasion pacifique, la Normandie resta tributaire du Béarn.

Le cidre des provinces basques est justement renommé.

Son origine, elles la font remonter aux premiers âges du monde.

Pourquoi pas ? Au Paradis terrestre, il y avait des pommes, c'est un fait, hélas ! trop certain. Pourquoi, dès lors, n'y aurait-il pas eu du cidre : il n'y a jamais de fumée sans feu.

Noé, un peu plus tard, n'a-t-il pas trouvé le vin ?

Les basques cependant sont restés fidèles au cidre.

A l'heure de ses repas, l'ouvrier porteur de son joli pain doré et de sa gousse d'ail entre dans la taverne.

Il salue et s'installe près d'un de ces immenses foudres qui recèlent, dans leurs vastes flancs, le liquide national.

Les maîtres de céans, occupés à leur cuisine, ne se préoccupent pas davantage de l'arrivant.

Celui-ci mange et boit tout son soûl et le repas fini, il dépose gravement sur la table ou sur le rebord d'une douve les quelques sous qu'il a pu boire et s'éloigne en saluant.

Les discussions sont fort rares. C'est comme autrefois chez nous, quand on buvait *à l'heure*.

La confiance est l'âme du commerce : le consommateur de cidre se fait un point d'honneur de ne point frauder le débitant.

Dans les tavernes, le cours s'établit chaque semaine : il y a du cidre populaire à 16 et 18 c.

A cinquante, c'est l'Yquem des cidres !

Chez Altuna, le cidre en bouteille est excellent.

Entièrement refaits par le pantagruélique repas de table d'hôte, achevé au milieu des plus joyeux propos, nous courons au collége, mais la fête est terminée.

La coquette chapelle conserve encore les parfums de l'encens du matin, dont les légers nuages restent encore flottant dans les mystérieux sanctuaires aux niches nombreuses et dorées.

Les bancs sont déserts: l'orgue muet.

Les collégiens, bien alignés, sortent pour la promenade.

Leur costume bleu et or est des plus élégants.

Ils portent la couronne royale à la casquette et leur tunique courte est serrée à la taille par une ceinture à glands d'or.

On dirait les cadets d'une école militaire ou navale.

Sous la direction des Pères *de Las Escuelas Pias*, le collége a pris une grande importance.

Le fondateur de l'œuvre des Écoles Pies est un saint fort honoré en Espagne, Joseph de Calazans.

Un très aimable professeur de l'institution,

Don Mariano Vallès, veut bien me donner quelques renseignements.

Le français en voyage est d'une désespérante curiosité.

L'ordre des Écoles Pies fut fondé par Joseph de Calazans, un aragonais de noble origine, en 1597, à Rome, où réside actuellement son général.

Répandu en Italie et en Espagne, il ne possède qu'une maison dans les provinces basques ; une quarantaine en Espagne.

Ouverte en 1878, la maison de Tolosa dut, dès l'année suivante, acquérir l'ancien Palais de la Diputacion, laissé inoccupé par le transfert de la capitale à St-Sébastien.

Le collége comprend trois cours primaires — deux d'externes, un de pensionnaires — plus le cours complet d'instruction secondaire, avec préparation aux divers baccalauréats, d'après le programme officiel.

Les examens de fin d'année sont subis dans le collége même, devant une commission des professeurs de l'État venus de St-Sébastien ; chaque professeur de la maison est appelé à son tour à faire partie du jury.

C'est là un système, qui a lieu de nous surprendre, nous les Français, centralisateurs à outrance.

Le problème du baccalauréat, si difficile à résoudre, n'a t-il pas là une solution pratique toute trouvée ?

J'ai déjà dit ce que St-Sébastien faisait pour l'instruction populaire.

Tolosa n'est pas, on le sait, resté en arrière.

La province de Guipuscoa a fourni de tout temps les éléments d'instruction publique les plus complets.

On n'a pas oublié le collége renommé de Pasages, dirigé autrefois par les Jésuites et si fréquenté par la jeunesse française.

Vergara, la troisième ville de la province, posséda longtemps un collége célèbre, *El Real Seminario,* qui rivalisait avec les meilleurs de l'Europe.

Il est aujourd'hui remplacé par le collége libre

des Pères Dominicains.

Un souvenir s'attache à l'installation de cette maison à Vergara.

Il me sera permis de rendre un pieux hommage à celui qui en fut l'instigateur, à mon ami regretté, Xavier de Barcaïsteguy.

Nature généreuse s'il en fut, basque dans l'âme, enfant enthousiaste de St-Sébastien où sa villa d'Antiguo était ouverte à tous les talents, comme à toutes les infortunes, il est mort jeune, lui aussi.

Enlevé subitement à 40 ans, il y a deux ans à peine, il a emporté d'unanimes regrets.

Député aux Cortes, sa fière éloquence défendit ardemment les libertés provinciales, les Fueros tant aimés; catholique convaincu, il fondait avec Alexandre Pidal — ce grand homme de bien — l'union catholique et soutenait à la tribune l'amendement qui devait consacrer l'unité religieuse du pays sous la sauvegarde et la protection du Gouvernement libéral d'Alphonse XII.

La Providence l'avait traité en ami : dans sa

vie publique, en lui assurant l'estime de ses concitoyens, la plus belle récompense à laquelle l'homme de devoir puisse aspirer; dans sa vie privée, en lui faisant trouver au foyer domestique, le bonheur dans le grand cœur, dans l'esprit élevé, dans les charmes attachants de sa vaillante compagne, confidente et collaboratrice de ses œuvres.

Il a été frappé, au moment même où, penché sur le berceau de son fils âgé de quelques mois, il recevait dans un sourire, les premières caresses d'un ange!

N'est-elle pas bien vraie pour Xavier de Barcaïsteguy la parole de l'Ancien : « Les Amis des Dieux meurent jeunes! »

ASPEITIA

ASPEITIA

Les diligences. — Leur philosophie. — La côte et la montagne. — Le mayoral. — Pouvoir absolu. — L'ombre de Santa Cruz. — Cadenas et Portazgo. — Les Miqueletes. — Leurs services. — Oria et Orio. — Gitanos. — Zaraus. La torre Lucea. — Cestona. — Souvenir d'une visite royale. — Le Palacio Lili. — Azpeitia. — Où sont les murailles? — L'Église paroissiale. — Le tombeau de Zurbano.

On ne peut séjourner quelques jours à St-Sébastien, sans aller faire une visite à Loyola.

Le charme d'un voyage très pittoresque, le long de la côte et à travers la montagne, nous dédommage amplement d'un emprisonnement de quelques heures en diligence.

Nous avons perdu l'habitude de voyager en diligence.

En chemin de fer, l'on va plus vite : cela devient une vérité de La Palisse : mais on voit moins le pays.

En wagon, il est admis que rien ne peut vous forcer à lier conversation avec vos compagnons de route.

Que de relations amicales n'a-t-on pas nouées en diligence !

On n'est pas emboîté dans le coupé depuis un quart d'heure, que l'on a déjà échangé sa façon de voir sur bien des points, avec ses voisins.

Les cigarettes s'offrent de part et d'autre.

Les ruades ou les entêtements des chevaux du timon, les écarts de ceux de la volée, offrent un thème inépuisable à vos théories hippiques.

Au premier relais, on n'a plus de secrets, les uns pour les autres, et ce n'est pas sans émotion qu'au terme du voyage on se quitte en se disant un *au revoir* convaincu.

La diligence n'occupe pas dans la société la place qui lui est due, vous êtes de mon avis, n'est-ce pas ?

Elle a plus fait pour le rapprochement des

peuples que tous les traités de nos ambassadeurs !

Il y a une longue thèse à faire là-dessus...

La diligence faisant le service de St-Sébastien à Bilbao, prend les voyageurs pour Loyola.

Attelée de six vigoureux chevaux, qui au premier cri du jeune postillon basque partent ventre à terre, elle contourne, en chassant, le coin des rues et gravit, emportée dans un galop enragé, le boulevard qui monte en longeant la baie, jusqu'à Antiguo — l'ancien St-Sébastien.

Le soleil blanchit à gauche, sur le sommet d'une haute montagne, le fort Santa-Bárbara d'Hernani, que la veille nous avons vu de face sur la route de Tolosa.

A droite, la mer avec les voiles argentées des barques qui pêchent au large ou se dirigent vers le port.

La route suit une longue pente.

Le bruit cadencé des grelots de l'équipage joint au balancement de la diligence, invite au sommeil; insensiblement on ferme les yeux : bientôt, tout le monde dort...

Tout à coup, un bruit effroyable jette le trouble dans la maisonnée ambulante.

On se réveille en sursaut : fièvreusement, chacun frotte ses paupières.

On pense au cabecilla Rosas Samaniego ou au curé Santa-Cruz ! Nous sommes sur le théâtre de leurs exploits : nous les voyons déjà, détroussant la diligence et nous mettant, pieds et poings liés, dans la chambre de réflexion !

Bien vite cependant on se remet de cet émoi : il n'y a pas de chemins plus sûrs que ceux de la Province.

Un ouragan de gros mots, une pluie d'invectives, un tonnerre de jurons, nous met vite au courant de ce qui se passe.

C'est le *Mayoral!* le conducteur, — une autorité, — comme qui dirait le capitaine de cette frégate de terre....

De même que dans notre ancienne administration des messageries, il y a ici le conducteur qui tient le registre du *bord*, qui perçoit les places, qui dirige le postillon, encourage les chevaux, règle l'allure de l'équipage et précipite le déjeuner des voyageurs...

C'est donc le Mayoral, qui, accroché au marchepied de son siège, le corps tendu comme un arc, parlemente sur ce mode diplomatique, avec un brave paysan, à la face placide, dont le char aux roues criantes, encombre le chemin.

Le brave homme est voué aux *cien mil demonios,* par notre mayoral en fureur.

Celui-ci lui souhaite la mort de ses bœufs, son enlèvement par le diable et finalement lui déclare que, s'il ne se gare pas, il va pour faciliter les choses, descendre et l'étrangler !

Le paysan reste impassible : il y a place pour tous sur les superbes routes de Guipuscoa et puis, il sait, comme tout le monde, qu'un mayoral, digne de ce titre, doit tempêter comme un Neptune.

Il passe en souriant et le mayoral se tait.

Rassurez-vous : ce n'est pas pour longtemps.

Au bout de la longue côte, à un croisement de route, l'équipage s'arrête.

D'une maisonnette sur le fronton de laquelle un écriteau, porte le mot « *Portazgo* » sortent deux beaux hommes à béret rouge, vêtus de la capote bleue à pèlerine et du pantalon rouge.

Ce sont les *Miqueletes*.

Ils s'approchent du mayoral: celui-ci leur remet une pièce de monnaie, et rapidement regagne son observatoire, en envoyant à tous les diables les deux braves soldats.

Décidément le personnel des Enfers sera sur les dents ce soir, s'il répond aux appels réiterés de notre mayoral.

Les miquelets forment dans les provinces basques un corps de troupe des plus imposants à la solde de la Diputacion.

Miñones, dans la province d'Alava; *Guardia foral* dans celles de Biscaye, *Miqueletes*, en Guipuscoa, ces troupes destinées à un service d'ordre en temps de paix, ont rendu d'immenses services pendant la dernière guerre civile.

Leur énergie, leur abnégation, leur héroïque courage ont puissamment contribué à la repression du soulèvement carliste.

La Revue Euskal-Erria leur rend, en ces termes un solennel hommage : « Les Miqueletes, au prix d'un horrible tribut payé à la mort, ont ajouté une page glorieuse à l'histoire des forces populaires et conquis une illustration éternelle dans la chronique de nos déplorables discordes civiles. »

Les provinces basques entretiennent avec un soin jaloux ce magnifique corps composé d'hommes déterminés et honnêtes ; ils forment la garde d'honneur de la Diputacion, qui les emploie au service de ses dépêches et plus spécialement au recouvrement de l'impôt dit de Portazgo ou péage des routes.

L'entretien des voies publiques était, autrefois, à la charge d'entreprises particulières.

Depuis une vingtaine d'années, les routes appartiennent aux provinces et l'on peut se rendre facilement compte de l'excellente direction donnée à cette branche importante des services provinciaux.

Etant établi ce principe, que celui qui use d'un chemin doit contribuer à son entretien, on fermait par une chaîne — *cadena* — chaque amorce de route et l'on établissait un péage dit *de cadenas*.

Aujourd'hui, la circulation n'est arrêtée par aucune entrave, seulement le *portazgo* a remplacé *la cadena*.

Les miquelets chargés de percevoir ce droit s'acquittent de leur mission avec beaucoup de courtoisie et de dignité.

Détachés deux par deux sur tout le territoire, ils sont entourés du respect de toute la population.

Le mayoral ayant jeté tout son feu, la diligence repart au galop.

Du haut de la côte, le plus riant tableau s'offre à notre vue : l'Oria s'élargit, un beau pont de pierre, reconstruit depuis la paix, la traverse et sur sa rive droite s'étage la charmante et antique bourgade d'*Orio*.

Au bas de ses quais sont amarrés de nombreuses embarcations de pêcheurs : la place est couverte d'une foule animée qui vient chercher la pêche de la nuit dernière.

Un peu plus loin, d'un lacet de la route, on aperçoit entre deux montagnes taillées à pic, la mer dont les vagues déferlent à l'embouchure de l'Oria.

On serait tenté de s'arrêter quelques instants.

Je ne vous conseille pas, cependant, de demander cette faveur au mayoral — au demeurant un fort brave homme, joyeux et obligeant — il n'hésiterait pas à vous envoyer, vous aussi, à tous les diables...

La montée recommence, pendant près d'une heure.

On est en pleine montagne : des bandes de gitanos au teint bronzé bivouaquent çà et là et nous croisent.

Les femmes portent sur le dos, enveloppés dans les jupons formant sac, des moutards qu'on dirait en pain d'épice ; les hommes poussent devant eux des ânes minuscules et nerveux chargés du mobilier de la bande.

Enfin l'horizon s'élargit.

Du col élevé qui domine la vallée où la route

s'enfonce, nous apercevons dans un lointain éblouissant, véritable décor qu'on dirait agencé par la main de l'homme, le port de Guetaria avec sa presqu'île de rochers fortifiés, tranchant vigoureusement sur le bleu intense de l'Océan.

Plus près, à nos pieds, la plage de Zaraus avec ses nombreuses villas.

C'est là que la Reine Isabelle, la bonne reine comme la nommait le peuple, venait prendre ses bains de mer.

Chaque révolution est faite au nom du peuple : or si le peuple était vraiment consulté, je crois bien qu'il y aurait beaucoup moins de révolutions !

Voici Zaraus.

On change de chevaux : à peine a-t-on le temps de se brûler le palais avec une tasse de chocolat bouillant.

Cependant une visite à Zaraus présenterait un véritable intérêt archéologique.

Nous avons, en effet, en entrant à droite, entrevu une demeure, noircie par le temps, très curieuse et d'aspect imposant.

Un donjon carré, aux fenêtres ogivales, avec escalier de pierre extérieur : il nous a semblé apercevoir des consoles nombreuses qui devaient autrefois supporter un balcon ou un immense mirador....

Le mayoral s'impatiente : le relais est prêt à partir.

Heureusement que notre éminent collègue et ami Don Eduardo Saavedra a publié une savante étude sur la *Torre Lucea* de Zaraus et sur les constructions des XIVe et XVe siècles de cette historique cité : notre curiosité pourra être satisfaite.

Et nous voilà filant de nouveau, au triple galop de nos six chevaux frais.

Tout le monde est aux fenêtres, chacun salue le mayoral.

Ce doit être un grand homme, ce mayoral ! On n'invoque pas, comme il le fait, les divinités infernales, si l'on ne se sent pas de force à traiter de puissance à puissance avec elles.

A la sortie de la ville, un groupe charmant de

jeunes filles, lui envoie le plus gracieux sourire.

Je le pensais bien : c'est un triomphateur !

Le voyage devient monotone.

Nous n'avons plus la vue de la mer : nous montons sans cesse au milieu des rochers et des arbres, veufs de leurs feuilles, jusqu'à Cestona.

La diligence s'arrête devant une belle demeure, pour laisser descendre un élégant voyageur vêtu de deuil.

Sur la façade de cette maison une plaque de marbre blanc, avec inscription en lettres d'or, rappelle que, le 25 septembre 1883, la Reine Isabelle l'a honorée d'une visite.

Ce jour-là, en effet, la famille de Egaña eut l'honneur de recevoir la Reine mère de Don Alphonse XII, aux acclamations de la population tout entière.

Aujourd'hui, cette population est en deuil. On vient de recevoir la nouvelle de la mort du comte de Egaña, sénateur....

A deux kilomètres de la ville, nous longeons

les bâtiments de l'établissement thermal de Cestona, pittoresquement assis au bord de la rivière l'Urola.

Dans son voisinage, apparaissent les tourelles du *Palacio Lili,* dont le couronnement fleurdelisé, les gargouilles et l'ogive des fenêtres attestent l'antiquité d'une construction des plus élégantes et des plus originales.

C'est aujourd'hui une ferme.

La maison noble de Lili était l'une des plus importantes de la province, tant par l'ancienneté de son origine que par l'illustration des hommes qui en ont porté le nom.

Encore une demi-heure de route et nous entrons à Azpeitia.

J'en demande bien pardon au *Guide Joanne*, mais il me permettra de lui dire que, s'il ne corrige pas son édition de 1884, il risque fort de s'attirer de sérieuses affaires de la part des touristes grincheux.

Je cherche autour d'Azpeitia l'enceinte de murailles, percées de quatre portes, dont il dote la gracieuse ville : rien, pas même une ruine !

Je consulte l'excellent M. Artèche, le premier hôtelier du pays : il sourit en m'affirmant qu'il y a beaux jours que l'enceinte a disparu : il n'en reste pas trace.

Ce n'est pas, du reste, la seule erreur que nous ayons à relever.

J'ai beau chercher l'église de Nuestra Señora de la Soledad, où se trouve la statue d'argent de St-Ignace.....

Personne ne sait me dire où elle est.

Cela ne me surprend plus, lorsque j'apprends que cette église n'existe pas : c'est tout simplement une chapelle de l'église paroissiale.

Quant à la statue d'argent, elle est à Loyola.

L'église paroissiale, dédiée à St-Sébastien, est de style gothique avec un portail du XVIIIe siècle d'un goût douteux.

Le retable du maître-autel, un des plus beaux que l'on puisse voir, très harmonieux de forme, est trop sobre de détails : les colonnes dorées sont simplement ondées : ce qui doit prêter beaucoup d'éclat à la décoration des jours de fêtes quand les cierges nombreux sont allumés.

Dans une chapelle latérale, le tombeau de l'évêque Zurbano : un chef-d'œuvre de sculpture pour lequel il serait à souhaiter que l'on eût un peu plus d'égards.

Les jolies et fines dentelles de la frise, le nez et les doigts des nombreux saints qui ornent le mausolée, se ressentent cruellement de la négligence des sacristains blasés et indifférents.

Dans tous les coins de l'église on retrouve les traces du culte de la province pour l'illustre basque, qui en est devenu le patron.

Ne tardons pas à aller visiter son berceau.

LOYOLA

LOYOLA

A travers champs. — Le banc de St-Ignace. — La Maravilla de Guipuscoa. — Fondation de Loyola. — L'aigle de marbre. — Padre Doncel. — Le réfectoire. — Marie-Anne d'Autriche. — Casa Solar de Loyola. — Ses armes. — La bibliothèque. — Respect aux livres. — Azcoitia. — Les cloîtrées. — La partie de pelote. — Retour à Azpeitia. — Fonda Artèche. — L'alguazil ou le triomphe du droit.

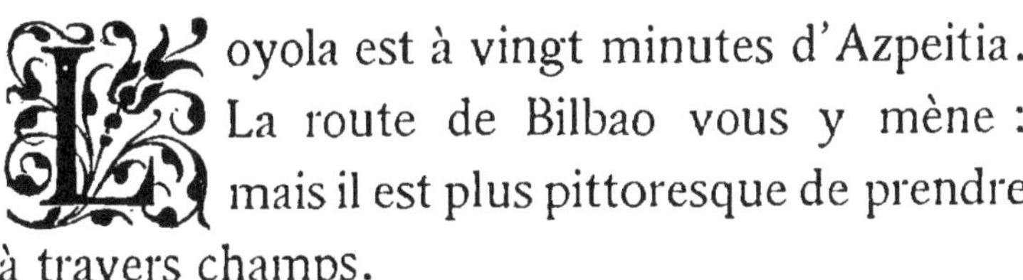

oyola est à vingt minutes d'Azpeitia. La route de Bilbao vous y mène : mais il est plus pittoresque de prendre à travers champs.

On traverse, sur l'un des nombreux ponts qui relient les deux quartiers d'Azpeitia, la petite rivière l'Urola et l'on suit, le long des prairies ouvertes, un sentier en chaussée, formant trottoir élevé sur le chemin rural réservé aux charrettes.

La promenade est charmante : les montagnes forment un cirque élargi au milieu duquel Azpeitia, Azcoitia et Loyola s'étalent dans un triangle parsemé de fermes, d'ermitages et de chapelles.

Au point culminant du sentier, un banc de pierre vous arrête.

Il est surmonté d'un petit monument portant l'inscription suivante :

Aqui rezaba San Ignacio de Loyola, á nuestra Señora de Olaz, que está en frente..

— Ici, St-Ignace de Loyola adressait une prière à N.-D. de Olaz, qui est en face. —

On s'asseoit un instant sur ce banc historique.

Les novices du couvent qui passent, trois par trois, y font une courte prière : les paysans saluent gravement.

En face, le modeste oratoire de N.-D de Olaz, qu'un léger campanille distingue seul des habitations qui l'entourent.

Au fond du vallon se dresse imposante la

masse de marbre de Loyola : « *la maravilla de Guipuscoa* » la merveille.

C'est ainsi que l'on désigne cette construction princière.

L'architecte Carlos Fontana fut chargé à la fin du XVIIe siècle d'élever ce monument, auquel il a cherché à donner, dans son plan, la forme d'un aigle prenant son vol.

L'église forme le corps dont les bâtiments latéraux sont les ailes.

C'est un palais de marbre : depuis l'escalier monumental à triple palier jusqu'au sommet de la coupole, tout est marbre.

L'Église en rotonde occupe le centre, onze colonnes gigantesques s'élèvent majestueuses, soutenant la coupole, dont le revêtement de marbre multicolore, porte les immenses écussons armoiriés des princes fondateurs et protecteurs de l'œuvre.

Le maître-autel au-dessus duquel s'élève la statue d'argent de St-Ignace, est en marbre polychrome à incrustations.

Une de ces mosaïques représente dans un faisceau d'armes, un fusil à aiguille..... Il n'y a donc rien de nouveau sous le soleil : la découverte de la fin du XIXe siècle ne serait-elle que la copie de quelque projet du XVIe, abandonné pendant deux cents ans ?.....

Le Père Doncel qui veut bien me faire gracieusement les honneurs du Couvent est un homme d'esprit et de beaucoup de cœur, il est plus que connu dans le pays : il y est adoré.

Nous parcourons ensemble ce vaste établissement.

Dans ces immenses vestibules voûtés, tout respire le travail et la prière : on n'entend pas un bruit.

Il y a là, cependant, près de deux cents hommes qui étudient et qui prient.

Le réfectoire, plus remarquable par ses proportions grandioses, que par les menus lacédémoniens, qui y sont offerts à la sobriété des vaillants religieux, est une véritable galerie des illustres.

On y passe en revue les portraits en pied des grands hommes de la Compagnie, des personnages royaux et ecclésiastiques qui la protégèrent : parmi eux, celui de la Reine D[a] Maria-Ana d'Autriche, veuve de Philippe IV et mère de Charles II.

C'est à cette princesse que la Compagnie doit, avec la conservation de la maison natale de son saint fondateur, la concession de faveurs royales qui lui permirent d'élever leur collége.

Elle est la véritable fondatrice de ce monument magnifique.

La maison natale des Loyola fut encastrée dans la construction nouvelle.

On la visite dans l'aile droite du monument.

Sa façade en pierre grise, porte au rez-de-chaussée une seule ouverture : une porte ogivale, basse, surmontée de l'écusson de la famille.

Selon l'usage encore observé dans les demeures basques, les écuries occupaient le rez-de-chaussée : les maîtres habitaient les étages supérieurs auxquels on accède par un large escalier à rampe de bois sculpté.

Sur la façade, l'inscription suivante rappelle les deux dates de la naissance et de la mort du saint :

Casa Solar de Loyola.
Aqui nació San Ignacio en 1491.
Aqui visitado por San Pedro y la Santissima Virgen,
Se entregó á Dios en 1521.

L'écu des armes porte d'argent au chaudron pendu à une crémaillère, *accosté de deux loups*.

Les diverses salles de cette habitation historique sont transformées en chapelles luxueuses, où la dévotion des fidèles va honorer de précieuses reliques du saint de la province.

Le Père Doncel me conduit à la bibliothèque.

Le guide Joanne place cette bibliothèque à la mairie de St-Sébastien.

Il est vrai, que le 12 octobre 1868, la junte révolutionnaire l'y fit transporter : mais ce ne fut qu'une absence de courte durée.

La précieuse bibliothèque reprit bientôt sa place dans le vaste corps de logis qui lui est réservé ; mais dans quel état !

Ces voyages forcés avaient produit des désastres dans ces rayons : que de volumes détériorés, déchirés et souillés ; que d'exemplaires dépareillés ; que d'ouvrages disparus !

Décidément, messieurs les révolutionnaires ne sont pas bibliophiles.

Cependant dans tous les pays du monde, ils ont adopté la manie de parler, à tout propos, d'instruction populaire.

Ne devraient-ils pas commencer par témoigner quelque respect aux livres qui en sont la matière première !

Mais c'est si amusant, paraît-il, d'ennuyer des Jésuites, qu'on les persécute, quand on le peut, jusque dans leurs livres.

Ces pauvres livres ont donc beaucoup souffert.

Il est certain qu'il faudrait un travail énorme pour reconstituer la bibliothèque et le catalogue.

Grâce à la paix assurée par le gouvernement d'Alphonse XII, la vie calme et laborieuse a repris son cours régulier dans la célèbre maison dont l'achèvement va se poursuivre.

L'aile gauche se trouve en l'état où la surprirent, en pleine construction, les décrets d'expulsion du XVIIIe siècle.

Aujourd'hui la compagnie de Jésus ne possède plus le monument : elle n'en est plus qu'usufruitière, il appartient à la Province qui l'a acquis pour le mettre à l'abri des vicissitudes de la politique et en assurer la conservation...

Pour rentrer à Aizpeitia, je prends le chemin des écoliers, en faisant le tour de la jolie vallée par Azcoitia.

Quittant la grande route, prenez à droite le chemin qui gravit la colline : il est bordé de trottoirs et offre aux promeneurs de nombreux reposoirs en maçonnerie sous lesquels on peut se mettre à l'abri d'une surprise du temps ou se reposer des fatigues de la promenade.

C'est le rendez-vous de la société élégante des deux villes voisines.

A l'entrée d'Azcoitia, on longe deux grands couvents de religieuses cloitrées, Clarisses et Brigittines.

Les murailles des jardins sont fort élevées.

Les couvents ont l'air de citadelles.

Cependant leur aspect est riant.

Les grilles vertes qui défendent les fenêtres des nombreuses cellules semblent gaies, tant elles sont ensoleillées.

Des rires francs éclatent dans les jardins : de l'intérieur s'échappent les sons religieux d'un harmonium.

Tout d'abord, on est tenté de plaindre les pauvres femmes, entrées pour la plupart, fort jeunes dans le cloître.

Peut-être vous plaignent-elles, de leur côté !

Peut-être aussi, ont-elles raison de le faire : est-ce qu'elles n'ont pas choisi la meilleure part ?

De ce côté de la ville, on entre par un faubourg, aux modestes habitations : sur le seuil des portes, les femmes et les enfants procèdent à des toilettes nécessaires...

Un palais attire l'attention : la porte de la chapelle en est ouverte.

On y voit deux mausolées contenant les cendres du Duc et de la Duchesse de Grenade, morts tous les deux en France en 1847 et 1848.

Il semble que, depuis, la demeure seigneuriale soit restée inhabitée, tant l'aspect en paraît délabré : les allées du parc ont disparu sous les herbes et sous l'envahissement des lianes...

L'Église paroissiale grande et spacieuse, n'offre rien de particulier que le classique retable à colonnes torses extraordinairement surchargées.

Sous le porche, je vois de jeunes vicaires élégants et pleins de dignité.

Je les retrouve quelques instants après sur la place du jeu de pelote, où m'attirent l'explosion violente de cris enthousiastes et d'applaudissements frénétiques.

On joue au blaid, c'est-à-dire contre le mur. Le compteur crie les points et à l'animation des joueurs, aux appels incessants qu'ils font à l'impartiale décision des juges, il est facile de conclure que l'enjeu est sérieux.

Ils sont quatre : deux contre deux.

Le favori de la partie est un gros basque réjoui.

Objet de la bienveillance bruyante du public,

il lutte contre un grand maigre, très fort, très agile, un vrai dilettante de la pelote.

Celui-ci rage constamment.

Le gros paraît toujours ravi.

S'il perd un coup, tout le monde éclate de joie, car il est le premier à en rire.

S'il le gagne, c'est du délire.

Sa victoire est complète : le dernier point lui reste.

Il est suant, essoufflé, palpitant : pour le remettre, le public, qui a envahi la place, l'étreint à l'étouffer : il doit trinquer avec tous ses admirateurs : ce qu'il fait avec un superbe entrain.

Les bons caractères ont généralement bon estomac...

Décidément : *Heureux les doux et les joyeux, car ils possèderont la terre !...*

Les trois kilomètres qui séparent Azcoitia d'Azpeitia sont vite franchis au soleil couchant, mais il n'est pas possible de rentrer le soir même à St-Sébastien.

La diligence repassera demain.

Heureusement, la fonda Artèche vous offre une hospitalité tout écossaise.

La soirée y est fort gaie : M. Artèche connaît toute la chronique du pays et sa famille, qui nous sert grâcieusement un excellent souper, est vraiment charmante.

Chef-lieu de district, Azpeitia compte près de 7,000 habitants.

Elle est fière de son hospice fort bien tenu, de ses vastes couvents de religieuses, de ses écoles nombreuses.

Comme toute ville de quelque importance, elle possède une Alameda ou promenade au bord de la rivière.

Ses magasins sont fort bien fournis et ses rues très propres.

Voilà encore un préjugé qu'il faut perdre : l'Espagne sale !

Les villes basques sont des modèles de propreté.

Le lendemain, dimanche, la population est sur pied de bonne heure.

Les cloches sonnent la messe.

De longues files vont l'entendre au couvent de Loyola.

Je suis de ce nombre: nous entrons dans la Chambre même — transformée en oratoire resplendissant de dorures — où le capitaine basque blessé subit une longue convalescence.

L'autel est en argent : il contient une statue de cire représentant Ignace de Loyola étendu sur son lit de douleur : sa cuirasse et ses armes sont à ses côtés.

Au dessus du tabernacle, on offre à la vénération des fidèles, un reliquaire renfermant un doigt du saint.

Je suis de retour à Azpeitia d'assez bonne heure pour assister à l'entrée de la messe paroissiale.

La foule endimanchée se presse bruyamment dans les rues.

La société élégante s'arrête sous le porche et échange vivement des compliments animés.

Les femmes portent toutes la classique mantille, les unes en dentelle, les autres en laine, selon le rang : la plupart ont l'éventail à la main, avec le livre d'heures et le rosaire.

Toutes ont le regard vif, clair, limpide : sur le nombre, beaucoup de blondes.

Généralement, le type est grand, élevé, fier, la beauté de ces populations est renommée.

Elles n'ont pas volé leur renom.

Non loin de l'Église, s'étend l'immense place de la pelote avec tous les accessoires de ce jeu national : mur de pierre taillée pour le *rebot* ; borne pour le *but* et limites en marbre pour chaque camp.

Il est défendu de jouer et sur ce mur et pendant l'office.

Une affiche menace d'une amende de deux réaux le joueur récalcitrant.

Mais tout enfant basque a une pelote enfouie dans la poche de son large pantalon de velours et deux amateurs de pelote ne peuvent se rencontrer sans rire... c'est-à-dire sans se provoquer à la lutte.

Une foule de gamins a pris possession de la place et sans égard pour le *bando* municipal, elle a, dès le Kyrie, commencé une partie sérieuse.

Au plus fort de la mêlée, un sifflet strident perce le tapage.

Un camarade, placé en vedette, a donné ce signal.

Comme une volée de perdreaux, les gamins s'éparpillent à toutes jambes et disparaissent on ne sait où, ni comment.

Au même instant, débouche un vénérable alguazil, à tête blanche, à l'air paterne qu'il cherche à rendre farouche.

Sous sa casquette galonnée et sa longue capote militaire, il apparaît, véritable spectre de Banco, à cette jeunesse indisciplinée, comme l'image menaçante de la fameuse amende de deux réaux.

Solennellement, le représentant de la loi fait le tour de la place absolument déserte.

Sur divers points cependant, on aperçoit émergeant d'une embrasure de porte, de derrière un pilier, ici un béret rouge, là une paire d'yeux effarés, plus loin, des joues rondes et enflammées...

Au moindre mouvement de l'alguazil, toutes ces jeunes têtes rentrent dans l'ombre, pour ressortir bien vite et reprendre, plus joyeusement que jamais, la partie interrompue, quand l'honnête sergent de ville, bien certain que l'ordre règne à Azpeitia, va s'absorber satisfait, dans une majestueuse partie de mousse, au cabaret voisin.

LOS TOROS

LOS TOROS

Les courses de taureaux. — Leur philosophie. — Leur avantage sur les courses de chevaux. — Leur but. — Effets des courses de chevaux. — Mort et ruine. — La société protectrice des animaux. — Un amphithéâtre.— Couleurs et bruits. — Frascuelo et Frascuelito. — La volonté du peuple. — La Roche Tarpeïenne est près du Capitole. — Les sifflets. — Le triomphe. — Après le drame, la comédie. — Duchesse et cuisinière. — A la plus belle. — A la plus laide. — Les juges désarmés.

Après la description fidèle qu'en a donné Théophile Gauthier dans son célèbre *Voyage en Espagne,* je me garderais bien d'essayer, à mon tour, de raconter ici les péripéties émouvantes d'une course aux taureaux.

Il n'est personne du reste, qui, à l'heure actuelle, ne connaisse, pour y avoir assisté, les scènes diverses de ce spectacle grandiose.

Dussé-je cependant une fois de plus m'attirer les protestations de la sentimentale société protectrice des animaux, il me sera bien permis de déclarer, que les courses de taureaux sont beaucoup moins funestes pour l'homme que les courses de chevaux tant prônées.

Les courses de taureaux ne cachent point leur but.

Elles sont un spectacle qui habitue ce peuple guerrier aux émotions du danger.

Elles mettent en relief, l'agilité, l'adresse, l'habileté de l'homme,

Elles le placent au dessus de la bête et consacrent cette supériorité, tant par les preuves qu'il en fournit lui même que par les savantes combinaisons qui règlent le combat.

Il se passe des années, sans qu'une goutte de sang humain vienne rougir l'arêne.

Peut-on en dire autant des courses de chevaux?

Chaque année, les journaux annoncent, avec larmes, les accidents survenus.

Heureux quand il ne s'agit que d'une clavicule cassée, d'une jambe brisée, d'un crâne quelque peu entamé ?

Trop souvent, c'est la mort qui survient au saut de la rivière ou de la banquette irlandaise.

Les victimes de ces accidents ne sont pas les premiers venus.

A côté des jockeys voués à l'anémie pour respecter les conditions de poids, les plus grands noms de France vont trouver une mort inutile sur ce triste champ de bataille de la spéculation et du sport.

C'est bien à la spéculation qu'ils se sacrifient car supprimez les paris, vous tuez les courses.

Le but de ce sport élégant où la bête l'emporte sur l'homme, c'est le jeu.

En voici la preuve irrécusable : les courses se multiplient et la production chevaline diminue en France : nous n'avons, en nombre suffisant, ni chevaux de guerre, ni chevaux de traits.

Nous avons, en revanche, les coureurs qui se tuent, les parieurs qui se ruinent.

La société protectrice des animaux ne proteste

pas : avant de s'occuper de l'homme, qui pourtant est bien le plus noble animal de la création, elle se préoccupe de la bête, et elle excommunie les courses de taureaux.

Ce qui ne l'empêche pas dans ses banquets fraternels, d'offrir à ses robustes appétits, toutes sortes d'animaux et de volatiles innocents, qui ne demanderaient qu'à faire le charme de nos bois et l'ornement de nos basse-cours.

Un peu de logique, Messieurs, s'il vous plaît!

Les homélies de ces outranciers de la protection des animaux ne changeront rien, heureusement, aux habitudes nationales du brave et généreux peuple espagnol.

Les graves censeurs des courses eux-mêmes, ne se refusent nullement le plaisir d'assister à l'émouvant spectacle qu'ils réprouvent.

J'en entends, tous les ans, le déclarer féroce.

Tous les ans, je les y vois revenir.

Je ne sais qui trouvait que les rois d'Espagne étaient trop *toreros*. Aimeraient-ils mieux qu'ils fussent trop *jockeys ?*

J'y reviens : pour beaucoup de gens, les courses de chevaux, c'est le déclassement et la ruine.

Les courses de taureaux ne sont pour tout le monde, riches et pauvres, grands et petits, qu'une saine et peu dispendieuse distraction.

Il faut voir un amphithéâtre garni de ses dix mille spectateurs pour se faire une idée de l'engouement de tout un peuple pour ce grand spectacle.

Bien que celui de St-Sébastien contienne aux courses annuelles du mois d'Août, trop d'éléments étrangers pour donner le degré exact de l'enthousiasme national, il est curieux de parcourir du regard les gradins couverts d'une foule bigarrée et de prêter l'oreille aux mille bruits qui s'en détachent.

Les couleurs les plus vives et les plus disparates se trouvent réunies, sous un soleil ardent, et du choc de leurs nuances, jaillit un rayonnement éblouissant.

La gaîté est sur tous les visages : les voix multiples de la foule montent en accords puissants, formant, dans leur discordance, la plus étrange harmonie.

D'ordinaire, chaque bourgade y envoie, avec ses amateurs, ses musiciens : guitares, castagnettes, fifres et tambourins.

Les mâles accents de la musique militaire dominent par moments : quand ils s'arrêtent, la foule reprend ses droits et la grande mélodie populaire éclate de nouveau, avec l'accompagnement classique de jurons, de sifflets, *d'irrincinac* prolongés !

Le calme se fait un moment, quand le premier taureau bondit hors du *toril*.

Dès le premier coup de corne, il rend le pas aux acclamations, aux vivats, aux abjurgations les plus ardentes.

Frascuelo, blessé au poignet droit, nous montrait en 1881, à la porte de l'arène, son bras encore enserré dans des bandelettes noires.

Bien que son nom figurât, en vedette, sur les somptueuses affiches de l'entreprise Arana, il ne devait pas *tuer* ce jour-là.

Sa main raidie ne pouvait se fermer assez pour étreindre vigoureusement l'épée.

Quand la cuadrilla entra dans l'arène, à ce pas cadencé, lent et digne, qui semble le prélude d'un menuet, plutôt que d'un combat, Frascuelo tenait la tête du cortège, entre son frère Frascuelito et son lieutenant le bel Angel Pastor.

Devant la loge de l'alcalde tous les toreros se découvrent.

En élevant sa *montera,* Frascuelo laisse voir son poignet bandé de noir : les applaudissements les plus nourris font honneur au courage malheureux.

C'est de bon augure.

Le moment venu de donner la mort, le jeune Frascuelito se présente pour offrir le taureau aux autorités.

Celles-ci répondent gravement à son salut. Mais une tempête de sifflets eclate.

« *Fuera Frascuelito, adelante Frascuelo* », crie-t-on de toutes parts.

On veut Frascuelo et non point sa doublure.

Le drame tauromachique est interrompu par

une question de personne : le taureau respire.

Frascuelo hésite : il montre, en hochant la tête, sa main estropiée.

Il a l'air, un moment, de se demander si sa popularité vaut sa vie...

Tout le peuple est debout, les bras tendus, la gorge serrée par la colère : il lui faut Frascuelo, mort ou vif.

La roche tarpéienne est près du Capitole.

On l'acclamait il y a une minute ; à présent, on l'insulte.

Les plus enragés lui jettent à la face, l'épithète déshonorante de *cobarde,* lâche !

A ce mot, pareil au cheval de sang que cingle la cravache, Frascuelo bondit.

Il écarte vivement son frère, saisit l'épée cachée dans la *muleta* rouge et fièrement campé devant ses insulteurs, il jette avec rage sa montera sur le sable, en s'écriant : « l'un ou l'autre ou tous les deux nous viendrons mourir ici-même ! »

Cette crânerie superbe produit le revirement

le plus subit : les applaudissements, les bravos les plus bruyants lui répondent, chapeaux, cannes, cigares, éventails volent sur l'arène...

Le taureau voit la vaillante espada : il s'arrête et ces deux forts se regardent face à face.

Par une série de passes élégantes, Frascuelo amène insensiblement son adversaire devant le groupe, d'où l'insulte était partie.

Son œil fascine le fauve.

L'homme et la bête se touchent presque.

Dans toutes les poitrines les souffles s'arrêtent...

Nous, qui avions, une heure avant, touché la main blessée, nous éprouvons une horrible anxiété.

Il est perdu, disons-nous, à voix basse !

A chaque seconde, à petits pas, Frascuelo se rapproche du taureau...

On commence même à trouver, dans le public, qu'il s'en rapproche trop ; l'émotion gagne les plus ardents : on lui crie : Assez ! assez !...

Mais lui, qui sent bien sa blessure, il veut que tout le poids du corps vienne en aide à sa main mal assurée : il faut qu'il se rapproche encore...

Sans attendre que l'animal fonde sur lui, Frascuelo l'épée tendue, se raidit, fait un pas en avant....

Une clameur immense retentit et dans un nuage de poussière, torero et taureau roulent l'un sur l'autre....

Impossible de décrire ce qui se passa alors dans cette immense foule, dont la mobilité d'impressions est si facile et si étrange.

Il est mort, crie-t-on de toutes les places : les femmes se cachent derrière leurs éventails, les hommes blêmissent...

Les *chulos* cependant sont là, veillant sur leur chef : des plis de leur longue cape ils entourent la tête du taureau, qui, de ses genoux crispés, étreint, comme sous un étau, la poitrine du torero.

Ils parviennent à le dégager et le prenant sous les aisselles, ils le tirent à eux et le mettent sur pied.

Revenu d'un premier étourdissement, Frascuelo, pâle, couvert de sang et de poussière, regarde la foule : « Non, je ne suis pas mort, c'est lui... dit-il, en désignant du doigt le taureau. »

Celui-ci, renversé sur son arrière-train brisé, se relève péniblement sur ses jarrets de devant. Il regarde la foule, lui aussi, montrant au défaut de sa large épaule la garde de l'épée, dont la lame tout entière a disparu....

Et ils se contemplent encore face à face.

« C'est toi qui meurs et non point moi » lui répète Frascuelo... et tandis que le taureau frappé à mort, s'affaisse graduellement, le torero, replié sur lui-même, s'affaisse, lui aussi, en continuant dans un rire forcé, sa phrase qu'un hoquet interrompt : « c'est toi..., c'est toi... » et l'un sur l'autre, ils retombent inanimés...

Ce fut un vrai triomphe : triomphe à faire revivre un mourant.

Si le taureau était bien mort d'une seule estocade, Frascuelo n'était qu'évanoui !

Quelques instants lui suffirent pour se remettre.

Il reparaissait bien vite sur l'arène, répondant par des sourires et des baisers aux acclamations délirantes de la foule.

Après le drame, la comédie.

On sait qu'avant d'attaquer le taureau, l'espada doit aller saluer le président de la course.

C'est à ce moment solennel et saisissant, qu'élevant gracieusement sa coiffure, il porte un toast, *un brindis*, à l'autorité en l'honneur de laquelle, il va tuer l'animal.

L'usage admet que dans les compliments du torero, il puisse se glisser quelques mots galants à l'adresse des *guapas chicas y señoras* de l'assistance et de la cité.

C'est un souvenir chevaleresque des tournois.

Mais le code de la tauromachie exige que le brindis n'ait lieu que devant la loge officielle.

Tout doit être sérieux dans ce grand drame.

Il faut une raison majeure pour permettre une exception à cette règle.

On comprend l'abus que l'on a voulu éviter en l'édictant.

Le favori du peuple crut pouvoir, l'année suivante, se permettre d'enfreindre le précepte sévère.

Dans une loge voisine de la nôtre, se trouvaient, dans tout l'éclat de leur beauté et de leur élégance, deux notabilités de la colonie étrangère.

Bien avant l'heure des courses, le bruit avait couru dans St-Sébastien qu'elles avaient fait demander à Frascuelo de tuer en leur honneur.

Cette nouvelle enflée, grossie, amplifiée faisait le tour des gradins, comme elle avait fait celui de la ville.

Elle était l'objet de tous les commentaires, quand Frascuelo apparut.

Il était ce jour-là rayonnant de gloire.

Revêtu de son plus éclatant costume, rouge et or, il portait, coquettement jetée sur son épaule gauche, une cape somptueuse en satin bleu, doublé de blanc, dont les fines broderies d'argent étaient l'œuvre d'une grande dame française qui ne prenait plus la peine de dissimuler ses affections tauromachiques.

La cuadrilla, après avoir salué les autorités, va prendre ses postes de combat.

Frascuelo resté seul, s'avance vers la loge, point de mire de toutes les lorgnettes, et envoie avec affectation, le plus galant salut auquel répond le plus grâcieux des sourires : un sourire à rendre fou le torero le plus indifférent et Dieu sait si la chose est rare.

Ce premier acte de forfanterie ameute les gens quelque peu collets montés : l'assistance devient houleuse : elle se modère cependant, espérant encore dans la sagesse de son espada préféré.

Le moment du brindis arrive.

Frascuelo s'approche lentement de la fameuse loge et lance. d'une voix sonore, « *à la plus belle* » la plus brûlante déclaration.

Les mécontents l'attendaient là : la phrase commencée dans le plus imposant silence, s'achève au milieu d'une horrible tempête d'imprécations et d'injures.

Sans se laisser démonter par cet orage, qu'il

compte bien dominer par son courage, l'espada aborde le taureau avec une désinvolture extrême.

Après deux ou trois passes, il le foudroie du premier coup.

L'estocade était admirable, classique, s'il en fût jamais.

On voulut applaudir, mais l'indignation l'emporta sur l'enthousiasme.

Accompagné de sifflets et de cris de toute sorte, l'heureux torero vint au pied de la loge, chercher dans un nouveau sourire, le prix de sa victoire et de sa popularité.

Il fallait cependant dérider la foule, Angel Pastor s'en chargea,

Frascuelo avait offert son premier taureau à une duchesse, lui, il offre le sien à une cuisinière rubiconde, dont le tablier blanc et le mouchoir rouge reluisent à la *barrera* en plein soleil.

Il recueillit une ovation.

Frascuelo comprit la leçon.

Quand son tour revint, la foule l'accueillit

froidement : connaissant son obstination, elle avait hâte de savoir, comment il se tirerait de ce pas difficile.

L'anxiété était générale, quand la trompette sonna la mort.

Frascuelo calme et souriant, tourne le dos aux loges, se dirige vers l'extrèmité opposée de l'arêne, en scrute tous les recoins, surtout dans la partie réservée au bas peuple, comme s'il y cherchait un objet précieux.

Il s'arrête enfin, rayonnant, devant une horrible vieille édentée, assurément la doyenne de l'assemblée et avec une grâce charmante il lui offre son second taureau.

Un immense éclat de rire accueille l'amusant brindis du torero.

Celui-ci, sans perdre plus de temps, se jette à la tête du taureau.

Jamais il ne parut plus charmant, plus agile ; jamais plus intrépide, ni plus audacieux.

La grâce de ses attitudes, la souplesse de son corps, la gaîté de son jeu enlèvent la foule enivrée de tant de sang froid et de courage...

Quand le taureau foudroyé roule á ses pieds, l'amphithéâtre paraît crouler sous l'explosion de la joie populaire.

L'esprit reprend partout ses droits.

Les juges avaient ri, le coupable était pardonné.

PASAGES

PASAGES

Le Port de Pasages. — Son histoire glorieuse. — San Pedro et San Juan. — Les jeunes batelières d'autrefois et Juan Miquel d'aujourd'hui. — Sa posada. — La rue unique. — Viva la Guardia Civil. — Antonio de Trueba. — Les travaux de Zurriola. — Le Casino. — Juanillo. — Le départ. — Souvenir à Jasmin. — Irun et le choléra. — Le bacile restait chez lui. — Hendaye. — L'adieu de Don Patricio.

Le grand entrepôt de St-Sébastien se trouve à Pasages. — Les trains s'y arrêtent : une courte distance le sépare de la Capitale.

Le port de Pasages est le but très pittoresque d'une fort agréable promenade soit à pied, soit en voiture.

Ce port célèbre a un passé glorieux.

Dans l'écu de ses armes on remarque en chef une fleur de lys d'or, qui lui aurait été concédée par un roi de France, en reconnaissance des services rendus par ses bateaux de pêche à une armée française bloquée dans La Rochelle par les Anglais.

Ses chantiers renommés ont fourni à l'Espagne les plus célèbres navires de guerre.

Depuis de longues années Pasages avait perdu de son importance.

Le commerce et l'industrie vont lui rendre son ancienne splendeur, avec le concours de puissantes compagnies à la tête desquelles seraient les plus grands noms de la finance.

Du côté de la mer, on pénètre dans le port par une passe étroite, qui semble une brêche faite dans la montagne par quelque gigantesque Durandal.

Les bateaux dragueurs le débarrassent des envasements qui ont successivement envahi la baie.

A marée haute, les plus grands navires y entrent et vont s'amarrer aux larges quais où se transportera bientôt toute l'activité de la vie commerciale de St-Sébastien.

Une population importante vit sur les deux rives de la passe, dans les quartiers St-Jean et St-Pierre, s'étageant, en bibliothèque, sur les flancs escarpés de la montagne qui tombe à pic dans la baie.

Autrefois, quand on voulait visiter Pasages, on était enlevé par de vigoureuses batelières qui se disputaient le voyageur.

Elles vous descendaient dans leur bateau et un petit chapeau enrubanné, sur la tête, les jupes coquettement relevées, elles ramaient, comme des athlètes et vous déposaient sûrement sur le quai.

C'était piquant et d'un pittoresque achevé.

Aujourd'hui, les batelières ont disparu.

A la descente du train, vous trouvez la face réjouie et bonne de Juan Miquel.

Les mains dans les poches, étalant au soleil un thorax puissant, Juan Miquel attend la pratique.

Il n'est pas importun : il est plutôt timide.

Quand il entend un voyageur hêler à tout hasard « la lancha de Juan Miquel » vous voyez un homme s'approcher en rougissant, vous souhaitant tous les bonheurs du monde.

C'est lui même qui vous tend sa grosse main pour vous descendre dans sa barque toujours prête.

Il est aubergiste; sa posada fort propre est à gauche dans le barrio San Pedro.

Elle plonge dans les eaux de la baie : du balcon de la salle à manger où il vous installe, vous jouissez d'un ravissant coup d'œil.

Quant au déjeuner, il est plantureusement servi, avec accompagnement de piments rouges et de récits, tous plus piquants les uns que les autres.

En face, sur la rive droite, est le barrio San Juan, le chef-lieu de la cité.

On y voit plusieurs usines et notamment une faïencerie avec des ouvriers de Limoges.

Les rues des deux quartiers sont taillées dans

le rocher : fort étroites, elles ne sont pas nombreuses : chaque quartier n'en compte qu'une, un long boyau, s'étendant sous les arceaux formés par les maisons qui s'appuient sur la montagne.

Pour regagner St-Sébastien, on prend à l'extrémité du barrio San Pedro l'excellente route où bientôt circuleront des tramways et l'on revient en longeant de riches fermes et d'élégantes villas.

Je fais route un instant avec deux *Guardias Civiles*, deux gendarmes.

Ces braves me disent avec une fierté toute Castillanne qu'il n'y a pas de voleurs dans la Province.

Je connais bien le refrain.

Yo no temo los ladrones
Si Civiles me accompañan...

Ils insistent, pas de voleurs, quelques coups de couteau : mais c'est simplement une question de caractère.

Je constate qu'ils ont une opinion aussi bonne que justifiée d'une population qui professe pour eux profonde admiration et salutaire respect.

La tenue de ces hommes superbes est bien connue.

Avec leur petit chapeau galonné, plat, à cornes horizontales ; avec leurs buffleteries jaunes tranchant sur le bleu noir de leur courte tunique ; les jambes enserrées dans les longues guêtres de drap noir, ils ont une allure très martiale.

Polis et doux, comme nos gendarmes, les *Civiles* sont l'une des gloires les plus incontestées de l'Espagne.

La reconnaissance publique a souvent rendu hommage à ces héros de l'abnégation et du dévouement et le poète des *Cantáres*, D. Antonio de Trueba s'est fait l'écho des sentiments de la nation, dans une chanson populaire...

Y al verlos el pueblo grita
Desde puertas y ventanas
— *Viva la guardia civil*
Porque es la gloria de España !

En rentrant par le pont de Santa Catalina, je m'arrête avec une foule de curieux pour assister aux évolutions d'un train de sable portant des matériaux au vaste chantier de Zurriola.

Les eaux battaient les murailles de la ville : sur l'ancienne brèche, on recevait la poussière d'eau que vous lançait la vague en se brisant.

Aujourd'hui, une compagnie belge a entrepris la construction d'un large quai, qui refoulant les eaux de l'Urrumea à son embouchure, va permettre de construire un nouveau quartier sur la plage de Zurriola : le mur est achevé,

Le vaste espace qui le relie à la ville doit être comblé.

Pour cela, on est en train de démolir toute une montagne voisine et de la transporter là, sous forme de sables, terres et moëllons, à l'aide de trains qui font, toute la journée, un incessant va-et-vient.

Ces travaux de géants font le plus grand honneur aux ingénieurs qui les dirigent et dont l'un d'eux, D. Recarede de Uhagon porte un nom bien connu et fort estimé dans les Provinces Basques.

Bornée au Nord par le quai de Zurriola, la belle promenade de l'Alameda n'aura plus au

Sud le charmant jardin d'Alderdi-Eder.

En effet, à l'extrémité de ce jardin, s'élèvent, en face de la baie, les constructions monumentales du grand Casino, dont l'Ayuntamiento a approuvé le projet, dû aux conceptions hardies des architectes Luis Aladren et Adolfo Morales de los Rios, le dessinateur renommé.

L'affluence des baigneurs est telle, sur le sable fin de *la Perla* de l'Océan, que je m'explique le besoin de leur offrir un lieu de réunion et de réjouissances.

Pour ma part, je déplore le goût immodéré du Casino, mais étant donné qu'il en faut, il est certain que St-Sébastien, par la magnificence de son Palais des Plaisirs, pourra rivaliser avec Monte Carlo...

L'année prochaine nous y pendrons la crémaillère.

En attendant, il faut songer à regagner la France.

Juanillo, le Michel Morin obligeant de l'hôtel Berdejo, a pris nos places, fait peser nos bagages et nous voilà filant à toute vapeur, loin de cette hospitalière cité, après avoir serré la main et battu le rappel de l'amitié sur le dos de bons amis que j'espère bien revoir.

En Espagne, on s'embrasse peu : on s'étreint en se frappant mutuellement les omoplates !....

Je me rappelais les vers d'adieu à la ville de Pau du poëte gascon Jasmin...

Et quan te quittarey, per may lountem te beyre,
M'en anirey de reculous....

et ne cessais de regarder encore la belle ville qui, petit à petit, disparaissait dans le lointain,

Bientôt, nous revoyons le Pasages... de la main, nous saluons Juan Miquel, toujours à son poste ; Lezo, Renteria.....

Nous sommes à Irun.

Entre deux trains, une courte visite me permet de serrer la main à un vieil ami, qui veut bien me faire voir la prison redoutable, où l'an dernier on essaya de parquer le choléra.

Le fameux lazaret était rapproché de la gare : Il fut agrandi de tout le bâtiment nouveau de la douane.

Une palissade de planches, peu jointes, formait la terrible barrière qui devait faire comprendre au bacile qu'il n'irait pas plus loin, dans le cas où il aurait caressé l'intention de passer la frontière.

Tout est de convention.

La barrière ne pouvait rien contre le bacile, si le bacile eût existé.

Le bacile est resté chez lui : la barrière est toujours là, comme un porte-respect formidable.

Dieu veuille que bacile et barrière ne troublent plus les relations fraternelles des deux peuples voisins.

Le train entre à Hendaye.

C'est toujours avec une joie profonde que l'on revoit le sol natal.

Mais cette joie ne saurait nous faire oublier le pays charmant que nous venons de quitter et de loin, nous lui renvoyons avec nos regrets et nos aspirations, le souhait qu'adressait au nôtre, l'aimable poëte Don Patricio Aguirre de Tejada :

Hoy, de aquel suelo al encontrarme ausente,
Ansia me acosa de volverlo á ver ;
Y trazando su imágen en la mente,
Suspiro al recordarlo sin querer.
Mas al fin torne allí joven ó anciano,
En adversa ó en próspera ocasion,
Nunca tarde será, mientras no en vano
Viva para sentir mi corazon.

FIN.

TABLE

TABLE

AVANT-PROPOS........................ 1

LE VOYAGE........................... 9

De Bayonne à la Frontière. — La Bidassoa. — Champs de bataille. — La question d'Irun. — Tous hidalgos. — La Douane. — Le Mozo. — La clef des malles. — El Norte. — No se permite fumar. — Le triomphe de l'exception. — Monsieur l'Ambassadeur. — San Marcial. — Le mouchoir et l'obus. — Où sont les orangers ? — La Perle de l'Océan.

LA CAPITALE......................... 25

Aspect général. — Les cochers basques. — Hommage filial d'un poëte. — Définition de Humboldt. — L'ancienne ville. — Souvenirs rétrospectifs. — Horace et les Basques. — Ganadas por fidelidad, nobleza y lealdad. — Nos bons amis les alliés. — Les ruines. — Le Phénix renaît de ses cendres. — Zubieta. — Les inscriptions. — La vérité sort de la bouche des petits enfants.

LA VILLE........................ 45

La Place de la Constitution. — Le droit au balcon. — Casa Consistorial. — El señor Alcalde. — Les exploits d'Oquendo. — Ponts et Miradores. — Sardine fraîche. — La Mota. — Batterie des Dames. — On salue. — Sta-Clara. — Le Cimetière des Anglais. — Le Bastion central. — Regrets. — L'Hôtel Berdejo. — Don Antonio. — Cuisine Espagnole et Cuisine Française. — La table d'hôte. — Un prix d'honneur en Sorbonne.

L'ARMÉE........................ 67

Le dimanche à St-Sébastien. — Messe militaire. — Chauvinisme ou patriotisme. — Le défilé. — Pas de tambours. — Le colonel. — Marche royale et hommage à Dieu. — La tenue et le soldat. — Le Roz. — Musique à l'Alameda. — Mantilles et poudre de riz. — Brune ou blonde. — La cathédrale Sta-Maria. — Un sermon basque. — Une aventure.

LA VIE POLITIQUE........................ 85

La Diputacion Provincial. — Fueros et Carlisme. — Les volontaires. — La quinta. — Le traité économique. — L'administration provinciale. — Le Palais de la Diputacion. — M. le Secrétaire. — L'escalier monumental. — — Zuluaga. — Le président de la Commission permanente. — Aux Archives. — La Révision. — M. le Gouverneur civil. —

Hommage rendu à la province. — Le square de la place de Guipuscoa. — Bonnes d'enfants et militaires. — La petite vérole noire. — La vacuna.

LES LETTRES........................ 107

Chez Bolla. — Uno avulso non deficit alter. — Soraluce. — Un acte de justice. — La Presse. — Euskal-Erria. — Manterola et M. Antoine d'Abbadie. — Les Bascophiles. — La langue Mère. — Adam et Ève. — Les poëtes. — Le prince Lucien Bonaparte. — Jeux floraux. — Le Dictionnaire de Aizquibel. — Les Écoles. — L'Institut Provincial. — Le Café concert. — Pauvre art ! — La France à l'étranger. — Départ des pêcheurs.

LE PORT........................ 125

Le marin basque. — La vie à terre. — Le Barrio de Jarana. — Les gamins. — Les barques arrivent. — La bourse aux sardines. — Les cascarottes. — Ces Messieurs font leur toilette. — Les dépouilles opimes. — Au marché au poisson. — La poissarde universelle. — Mouette et terre-neuve. — Un héros populaire. — Le Mirador. — Domingo ! — Les pieuvres !

TOLOSA........................ 151

En route vers Tolosa. — Un aimable homme. — Souvenir de la guerre civile. — Hernani et Santa-Barbara. — Ils ont trahi. — La ville. — Le marché. — Les roues pleines. — Chants du soir. — Le savon obligatoire. — Les señoritas. — On baptise à la cathédrale. — Le badigeon. — Le balayage. — Encore la vacuna. — La place de la justice. — Chez Altuna. — Le Puchero. — Le cidre. — Basques, Béarnais et Normands. — Las Escuelas pias. — José de Calazans. — Le baccalauréat. — Xavier de Barcaïsteguy.

ASPEITIA 175

Les diligences. — Leur philosophie. — La côte et la montagne. — Le mayoral. — Pouvoir absolu. — L'ombre de Santa Cruz. — Cadenas et Portazgo. — Les Miqueletes. — Leurs services. — Oria et Orio. — Gitanos. — Zaraus. — La torre Lucea. — Cestona. — Souvenir d'une visite royale. — Le Palacio Lili. — Azpeitia. — Où sont les murailles ? — L'Église paroissiale. — Le tombeau de Zurbano.

LOYOLA........................ 193

A travers champs. — Le banc de St-Ignace. — La Maravilla de Guipuscoa. — Fondation de Loyola. — L'aigle de marbre. — Padre Doncel. — Le réfectoire. — Marie-Anne d'Autriche. — Casa Solar de Loyola. — Ses armes. — La bibliothèque. — Respect aux livres. — Azcoitia. — Les cloîtrées. — La partie de pelote. —

Retour à Azpeitia. — Fonda Artèche. — L'alguazil ou le triomphe du droit.

LOS TOROS.......................... 211

Les courses de taureaux. — Leur philosophie. — Leur avantage sur les courses de chevaux. — Leur but. — Effets des courses de chevaux. — Mort et ruine. — La société protectrice des animaux. — Un amphithéâtre. — Couleurs et bruits. — Frascuelo et Frascuelito. — La volonté du peuple. — La Roche Tarpeïenne est près du Capitole. — Les sifflets. — Le triomphe. — Après le drame, la comédie. — Duchesse et cuisinière. — A la plus belle. — A la plus laide. — Les juges désarmés.

PASAGES.......................... 231

Le Port de Pasages. — Son histoire glorieuse. — San Pedro et San Juan. — Les jeunes batelières d'autrefois et Juan Miquel d'aujourd'hui. — Sa posada. — La rue unique. — Viva la Guardia Civil. — Antonio de Trueba — Les travaux de Zurriola. — Le Casino. — Juanillo. — Le départ. — Souvenir à Jasmin. — Irun et le choléra. — Le bacile restait chez lui. — Hendaye. — L'adieu de D. Patricio.

Achevé d'imprimer à Pau
le 15 Octobre 1885
par A. Arêas.

Imprimerie Arêas, 14, Rue Taylor, Pau

www.ingramcontent.com/pod-product-compliance
Ingram Content Group UK Ltd.
Pitfield, Milton Keynes, MK11 3LW, UK
UKHW031045260726
13965UKWH00006B/475